宁志荣 著

ZHENG LI LIANG

正力量

天覆地载 万物生长 热爱生命 自强不息
控制情绪 调整心态 把握机遇 积极向上

珍藏版
正力量沙龙策划

山西出版传媒集团
山西经济出版社

序言

宇宙间存在一种神秘的力量，叫做正力量；它遍布于宇宙的空间，是宇宙起始的力量、创造宇宙的力量；它制造星球，诞生生命，哺育万物；在天为正气，弥漫寰宇；在地为真气，滋养人类；在人为元气，即精气神。

宇宙间存在着本来的力量，如万有引力、磁力、运动力、时间永远向前的力量等等。在这些力量的作用下，月球、太阳、银河系、河外系，以至于整个宇宙世界，有规则地分布，有规律地运转，仰望星空，那么神秘，那么美丽，那么深邃，那么无限。吸引力是宇宙世界普遍的法则。

智慧的人类，经过无数次的探索和感悟，发现了宇宙中的正力量。他们明白，正力量是生命的力量，哺育生命，滋养万物；积极向上，奋发有为；护养身心，健康长生；实现理想，建功立业。

有多少哲人苦苦探求生命之真谛，探测人生之力量，终生探幽发微，而成微言大义。儒家曰："天行健，君子自强不息。"佛家曰："正思维"、"正精进"、"正禅定"、"定力"。道家曰："神力"、"仙力"、"元气"。以至于基督教所谓的创世纪、灵验之说，等等，都是对于某种力量的寻找和渴望，都是对于宇宙力量的探索和寻觅。

人世间遵循着严密的运行法则。天生万物，只有人具有意识，具有心灵，具有灵魂，能够更卓越地利用自然和社会法则。正力量使人具有良好的心态，具有健康的身体，使人的事业蒸蒸日上，一往无前。所以，我们要排除一切不良的、不利于身心健康的思维意识、言行举止，不让它们在我们的思维意识和行为中出现。

人世间充盈着正力量，我们从宇宙的空间、天体的运行、万物的生长、昼夜四季的更迭，都可以感到这种力量的存在。每个人与生俱来就有勃勃生机，就具有正力量。我们要呼唤这种力量，善于运用正力量，使我们与万物、与宇宙的力量相加、相乘、相叠，使我们具有无穷的力量。这种力量不可想象，这种力量是一切力量的源泉，使我们的生命阳光灿烂，活力无限，辉煌铸造，生机勃勃。

哦，这种力量存在于天地宇宙之间，生生不息，绵延无穷，取之不竭，用之不尽。拥有正力量，何愁命运、处境？何愁情感、情怀？何愁精神、意识？何愁事业、理想？吾为之欣欣然、陶陶然，若有所得尔。

2012/2/21

目 录

序 / 1

第一章　宇宙之力 / 1
　　本来如此 / 3
　　宇宙的起源 / 5
　　第一推动力 / 9
　　万有引力 / 11
　　运动力 / 13
　　磁力 / 16
　　生长力 / 18
　　善的力量 / 21
　　能量守恒 / 24

第二章　塑造自我 / 27
　　何为自我 / 29
　　认识自我 / 33
　　寻找自我 / 37
　　破除我执 / 41

　　　　　自我评价 / 46

　　　　　自我与本我之背离 / 51

　　　　　自我与自立 / 55

第三章　情绪效应 / 61

　　　　　情绪 / 63

　　　　　情绪与身心 / 67

　　　　　情绪的连锁反应 / 72

　　　　　积极观念 / 77

　　　　　表现原理 / 81

　　　　　屏蔽效应 / 85

　　　　　情绪智慧 / 88

第四章　调整心理 / 93

　　　　　化解紧张心理 / 95

　　　　　正视攀比心 / 98

　　　　　克服虚荣心 / 103

　　　　　消除嫉妒心 / 107

　　　　　去掉猜疑心 / 110

　　　　　戒除恐惧心 / 115

第五章　品格致胜 / 121

　　　　　善良 / 123

　　　　　信用 / 128

　　　　　包容 / 133

　　　　我能行 / 139
　　　　优秀 / 144
　　　　倾听 / 151

第六章　思考智慧 / 157
　　　　正思维 / 159
　　　　思路决定出路 / 165
　　　　积极思维 / 169
　　　　破除我执思维 / 175
　　　　多角度思考 / 180
　　　　当下思维 / 186

第七章　积极向上 / 193
　　　　选准目标 / 195
　　　　学习力 / 200
　　　　吃苦定律 / 206
　　　　坚持力 / 212
　　　　自制力 / 218
　　　　一往无前 / 224

后记 / 230

第一章 | 宇宙之力

也许还在宇宙之前,就存在这种力量,无形,无影,弥漫在创世之前。正是这么一种正力量,诞生了世界。

本来如此

  这个世界，这个天地间，这个宇宙，天然地、自然而然、先验地，存在一种无与伦比的力量，那就是正力量。

  什么叫正力量？就是创造世界的力量、诞生万物的力量、推动人类社会向前发展的力量。这种力量在天为宇宙的创生，在地为万物的生长，简而言之，正力量就是生长、向上、发展、创造的力量。

  仰望星空，我们为它的深不可测，星罗棋布而感到神奇，感到玄秘，千百万年以来，自创世以来，它就永远那么强健地运行着，一如既往，始终如一。它的向前的力量，向上的意志，任什么东西也无法改变。

  世间弥漫着正力量，看不见，摸不着，无从寻觅，但是，就存在于世界上，存在于生存的空间，潜伏在我们的身体内，留存在我们的心灵深处。正力量是永远向前的、蓬勃向上的、不可阻挡的，具有勃勃生机。地球的运转就是这样，太阳系的运转就是这样，银河系的运转就是这样。

从古至今，人类社会、人类，包括人们的身体，自始至终就被这么一种向前的力量推动着，鼓舞着、注入着、完善着、发展着，从而到了今天。即使有时历史会出现暂时的倒退，但是，正义必将战胜邪恶、文明必将会战胜野蛮，任何黑暗都无法遮挡永远的光明，任何负面的力量都无法阻挡人类向前发展。历史上曾经有过野蛮的奴隶社会、黑暗的中世纪对人类的摧残，有过数不清的战争和血腥，但是人们的内心总是向善的、向真的、向美的。蓬勃的、向善的、积极的力量，弥漫在天地之间，充盈于空气中，促使人们追求积极向上的生活，奋发有为的事业，至善至美的精神，这便是正力量。

正力量推动社会的进步，辉映文明的光辉，加速科技的发展；正力量提高人类的智力，强健人类的体魄，完善人类的身体；正力量使四季运转，春暖花开，春播夏长，秋收冬藏，飞雪迎春。

正力量在天为星河灿烂绵延，日月永恒照耀，在地为人类生生不息，万物生机勃勃；正力量对人类来说，就是理想、梦想、美好的向往，在山河大地来说，就是东风浩荡，欣欣向荣，江河奔流，滔滔不绝。

为什么哲学家喜欢探究世界的起源？为什么思想家要我们仰望星空？为什么诗人喜欢梦想？那是因为世界的本源蕴藏着神秘的力量——正力量。我们伫立大地，在夜色中仰望星空，被它无边无际、浩瀚无尽、排列美好的星河所折服，感受到伟大的力量——正力量；理想、梦想、美好的向往是人类向前发展的强大的动力，是人类创造美好未来的保障，是我们人生规划的柱石，是人生成功的力量——正力量。

所有的一切，宇宙深处，世间万物，本来具有正力量。作为万物之灵的人类，天生具有一种追求愿望、幸福、实现自我价值的需求，所有的愿望和期待来自于正力量。

作为天地之间的人，必须吸纳正力量，拥有正力量，学习借鉴存在于天地之间的正力量，塑造自己，完善自己，创造自己，超越自己。

宇宙的起源

永远无法说清，又吸引人们永远探究的就是宇宙的诞生了。

中国古代有盘古开天地的神话传说，起初的宇宙是混沌一片。有个巨人叫盘古昏睡了一万多年后醒来，在黑暗中摸到一把斧子，拿起斧子用力一劈，于是，混沌的世界一劈两半，较轻的气体上升成为天空，沉重的东西下降成为大地。盘古担心天地会重新合拢，头顶天空，脚踏大地，支撑着天地。由于盘古支撑太久，他的身躯化作了山河大地，头发牙齿等化作了世间万物。

西方的神话传说记载了上帝创造宇宙世界的过程。相传原始的宇宙漆黑一团，上帝说要有光，于是世界就有了光。上帝见大地空空荡荡，于是花了6天时间，创造出了天地、日月星辰、水火、草木果实、飞禽走兽以及人类万物。上帝看到这个世界山清水秀、鸟语花香，一片生机勃勃的景象，于是，在第七天停下了工作，把这一天叫做休息日。

古埃及关于宇宙诞生的神话更为独特。人们认为天由隆起的四根天柱撑着，星辰是神用铁链悬挂在天上的小灯，装饰着美丽的夜空；大地像个方形盒子，南端稍长，盒子底部略凹下，埃及位于洼地的中心。有一条宇宙之河环绕在大地四周，尼罗河只是宇宙之河从南方分出来的一条支流；太阳神每天乘着宇宙之河中的船往返于东方和西方，于是世界就有了白天和黑夜。宇宙万物都是由神播下来的种子而形成的。

印度神话传说描述道，普鲁沙大神长着数千个头、眼睛和脚，身体形成了整个地面，十根手指延伸可以扩展空间。当众神向普鲁沙献出祭品时，普鲁沙身体上的分泌物形成了鸟类和动物，身体成为世界万物的基础。随着时间的推移，宇宙最高的永恒之物梵天出现了，它最终创造了宇宙万物，并持续了40亿年，后来宇宙秩序被破坏神施瓦摧毁了，当前的宇宙循环状态还有数十亿年才能结束。

古巴比伦认为宇宙由大地、天空、海洋三部分组成。半球形的天空笼罩大地，大地像乌龟背一样是空心的半球形，中间隆起呈高山，幼发拉底河就发源在那里；大地之外是海洋，海洋之外有"世界之山"支撑着天空。天空由坚实的宝石组成，上边开着窗户，打开窗户就下起了雨。天庭居住着神灵，制造出了日月和星辰。

这些神话故事，虽然不是确有其事，但是从一个侧面反映了古代人们对于宇宙万物起源的认识。概括起来，原初人类认为，一种具有无比巨大力量的神灵创造了宇宙万物。

关于宇宙的诞生，科学家从来没有停止过探索，从多方面探索宇宙的起源，形成了各种观点。

物理学家加莫夫提出了宇宙大爆炸学说，认为大约150亿~200亿年前，整个世界的物质都集中在一起，是一个密度极大、温度极高状态下的"奇点"。天空中没有任何恒星和星系。在某一时刻，这些奇点发生爆炸，在100亿度的高温下产生了质子和中子，接着产生了原子核。大部分自由电子被原子核俘获而束缚在原子核中，宇宙进入到密度极不均匀的气态境地，不同密度的物质像气泡一样形成了"蜂窝状结构"或"泡结构"。在漫长的时间里，形成了星云、星系和恒星。恒星由氢和氦组成，内部进行着激烈的核反应，一方面产生巨大的热量，另一方面形成越来越重的新元素，日趋复杂的物质世界就这样形成。哈勃通过观测发现了星系的红移现象，离我们越远的星系移动速度越大，表明宇宙在不断地膨胀着。

天文学家霍伊尔提出了连续创生论，认为在星系诞生的过程中，又形成了新的星系，这些变化发生得非常缓慢。宇宙过去是什么样子，将来还是什么样子，基本上没有什么变化。宇宙自始至终保持着同一状态，处于稳态之中。但是，这种理论由于20世纪发现宇宙微波背景辐射理论，从根本上被否决了。

天体物理学家霍金和图洛克提出了宇宙开放暴胀理论，认为宇宙最初是一个很小的豌豆状的物体，悬浮在没有时间的真空中。在大爆炸后经历了快速膨胀过程，产生了恒星、星系和星云。宇宙会无限地膨胀下去，有始无终，永远不会停止。

此外，还有哥白尼、开普勒、牛顿、爱因斯坦、哈勃等科学家，经过研究探索，对于宇宙起源都提出了各自的观点。这些答案林林总总，五花八门，都试图给出最终的解释，但是，其实是没有最终解释的。因为如果时间是无限的，以有限的人生无法探索无限的事物，如果时间是有限的，那么有限之前是什么，是彻底的虚无，还是中国哲学史所说的混沌？虚无怎么会诞生宇宙呢？如果是有，那么有又来自何处呢？

由此可见，宇宙的起源问题，归根结底是没有答案的。

无际无边的宇宙，让无数哲人终身仰望，痴迷不已，无所适从，它的美妙璀璨，神秘对称，美轮美奂，星河灿烂，让我们眩晕，终身膜拜，但是，更让我们膜拜的是它自身的无穷的力量，那种产生万物、制造生命的力量，那种蓬勃向上、始终如一的力量，那种昼夜不舍、生生不息的力量，永远地吸引着我们。

第一推动力

　　宇宙世界充满着无穷无尽的玄妙，是什么力量推动了天体运转？古代的人们认为地球是宇宙的中心，天圆地方，日月星辰围绕着地球旋转。亚里士多德等人提出了地心说，宇宙是一个有限的球体，地球位于宇宙中心，物体总是落向地面。地球之外有9个等距天层，由里到外的排列次序是：月球天、水星天、金星天、太阳天、火星天、木星天、土星天、恒星天和原动力天，此外空无一物。上帝推动了恒星天层，才带动了所有天层的运动。

　　后来，哥白尼通过30多年观测天象，出版了不朽名著《天体运行论》。他在不同的时间、不同的距离从地球上观察行星，每一个行星的情况都不相同，由此意识到地球不可能位于星辰轨道的中心。地心说无法解释广袤的宇宙世界中的运动现象，于是提出了日心说。哥白尼认为天空比地球大得多，如果无限大的天穹在旋转而地球不动，实在不可想象，地球只是引力中心和月球轨道的中心，并不是宇宙的中心；宇宙的中心太阳是不动的，在天空中看到的任何运动，都是地球运动引起的，地球以及其他行星都一起围绕太阳做圆周运动，只有月亮环绕地球运行。

现代宇宙学认为，整个宇宙都处于运动之中。太阳系中的恒星绕太阳运转，整个太阳系又围绕着银河系运动，银河系又带着庞大的恒星在宇宙中不停息地运转。银河系外还有上千亿个类似的星系，称为河外星系，现已观测到大约有 10 亿个。河外星系也聚集成大大小小的星团，叫星系团。人们通过对河外星系的研究，已发现了星系团、超星系团等更高层次的天体系统。这些天体、星系、星系团等都在一刻不停地高速运动着。

如此高速的星系运动是如何形成的？牛顿虽然发现了万有引力，揭示了行星运动的规律，但是，牛顿无法解释是什么力量推动了宇宙天体的运动。牛顿把这归之于第一推动力，即上帝的力量。按照牛顿的推理，如果没有这个上帝的"第一推动力"，太阳系中的所有行星是无法产生一个和太阳引力方向不一致的初始运动速度。这样太阳系中的所有行星都应当被太阳的引力所吸引而落向太阳表面。由于第一推动力的作用，太阳系中的行星才能在和太阳保持一定距离的轨道上绕太阳运动，避免了在引力作用下被太阳吞噬。

其实，不仅宇宙中的天体星系本身具有无与伦比的力量，以维持永恒的存在。宇宙万物何尝不是如此呢？大到天体，小到原子，都积聚着巨大的力量，时时刻刻运动。微观世界的原子、基本粒子同样是在不停地运动，许多粒子从出生到衰变，只有几百亿甚至几万亿分之一秒，运动速度非常快。原子非常小，其直径大约有千万分之一毫米。原子由原子中心的原子核和电子构成，电子在强力的作用下，绕着原子核的中心高速运动，就像太阳系的行星绕着太阳运行一样。原子核中蕴藏巨大的能量，原子核的变化（从一种原子核变化为另外一种原子核）往往伴随着能量的释放。如果是由重的原子核变化为轻的原子核，叫核裂变，如原子弹爆炸；如果是由轻的原子核变化为重的原子核，叫核聚变。

宇宙万物孕育着巨大的力量，隐藏着巨大能量。第一推动力从何而来，这是无数科学家终生探索的课题。

万有引力

万有引力是自然界天然地存在的一种力量，就像天体的运动一样，就是本来如此的。这种力量，在物体之间、行星之间、星系之间普遍存在。

牛顿在1687年出版的《自然哲学的数学原理》中提出了万有引力定律：自然界中任何两个物体都是相互吸引的，引力的大小跟这两个物体的质量乘积成正比，跟它们的距离的二次方成反比。物体的质量越大，它们之间的万有引力就越大；物体之间的距离越远，它们之间的万有引力就越小。牛顿利用万有引力定律不仅说明了行星运动规律，而且还指出木星、土星的卫星围绕行星也有同样的运动规律。他利用万有引力定律解释了彗星的运动轨道和地球上的潮汐现象，并成功地预言和发现了海王星。在宇宙中，由于万有引力的存在，物质会相互吸引形成更大的物质团，直至形成黑洞，黑洞的大爆炸形成小宇宙。

万有引力是天体之间一种平衡的力量、对称的力量、包容的力量。它维系着天体之间的运动，维系着天体之间的平衡，维系着宇宙的秩序。仰望星空，人们往往被它的美妙的分布所折服、被它的神秘的排列所倾倒，这就是万有引力的作用。不可想象，如果太阳和地球之间失去了万有引力，也许高速运转的地球会飞离太阳系，在宇宙间横冲直撞，直至毁灭；如果没有万有引力，月球将会离开地球，那么地球上所有的生物植物的历史都要改写，万物的生长规律将会破坏。

对于地球来说，如果没有万有引力的作用，将不会形成云彩，雨滴也将悬浮空中；植物将不会开花结果，不会有花草树木；摩天大楼将失去了稳定性，更不会高耸入云；血液的循环将受到影响，人们的身体功能将被破坏，身体将会萎缩。正是万有引力，使人们坚定地生活在大地上，使万物在地球上茁壮生长，地球成为人类美丽的家园。

人与人之间没有引力，就不会形成家庭、不会形成社会、不会出现国家。什么叫感情？感情就是人们之间的相互的吸引力，是性格、爱好、人生观的引力，把两个不同经历、不同社会经济地位的人吸引到一起。感情的力量是强大的，可以翻山越岭，可以千里相会，可以到了天荒地老、海枯石烂而不改变的境界。

引力是正力量，是人生所必备和需要增强的力量。对于人来说，引力是人之间联系的纽带，家庭、团体、社会等等必不可缺的力量，也是朋友之间、社会交往、建功立业的合力。一个人如果没有引力，没有凝聚力，在人生的道路上将会处处受阻，难以创造业绩，干一番事业。

引力是一种魅力，是不同于众人的独特的气质，是成功者的必备素质。具有引力的人，是受到人们欢迎的人，是能够团结人的人，在他的身上具有一种凝聚力，把志趣相投、具有才干的人吸引到一起，成就一番事业。没有引力的人，是孤独的人，被人遗忘的人，他的存在对于别人来说可有可无，体现不出人生的价值。

运动力

天地转，光阴迫，世间万事万物都在运动。

不管你愿意不愿意，你的人生都在改变，一切都在时时刻刻变化。运动是不以人的意志为转移的，是任何人也无法改变的。古代的皇帝想长生不老，求道问仙，炼制丹药，但是，又有什么用呢？我们永远不会也不可能在今天见到古代的皇帝。

什么叫运动？哲学上认为运动是物质的根本属性，是物质存在的形式，任何物质都处于运动中。世界上的各种现象都是物质运动的表现形式。按照低级到高级的发展顺序，运动分为机械运动、物理运动、化学运动、生物运动、社会运动五种基本形式。一切事物都在运动，鸟飞高空，鱼翔浅底，树木生长，风吹草动。有些事物变化缓慢，但并非静止不动，只是肉眼不易觉察。世界第一高峰珠穆朗玛峰似乎静止不动，但据科学考证，它在50万年间升高了1600米。有些天体距离遥远，好像静止，其实也在高速运动，织女星和牛郎星分别以每秒14公里和26公里的速度飞奔。人类身居的地球好像是不动的，但是，它时时刻刻都在高速自转和绕太阳公转，地球上的一切事物都跟着地球在宇宙中向着不知名的地方前进。有一部科幻电影就是假如地球停止运转，就很好地阐述了运动的作用。试想一下，如果地球突然停止运动，那么，世界没有了昼夜的交替，巨大的惯性作用下的一切建筑，就会顷刻之间毁灭，出现地崩山裂，洪水泛滥，巨大的灾难将会接踵而来。

运动力是一种正力量，是事物前进的力量，推动着事物发展变化。正是由于事物的运动变化，才有了五光十色，美丽多彩的大千世界。在时间中存在的一切事物，都被一种神秘的力量推动着发展变化，那就是运动的力量。

运动维持着事物的平衡，维持着事物的存在，如果事物停止了运动，也就失去了存在的依据和条件。盛开的鲜花，何尝不在时时刻刻变化，如果植物的内部不进行新陈代谢，鲜花就不会盛开，更不会时时散发出沁人心脾的芳香；美丽的风景，也处于运动之中。疑是银河落九天的庐山瀑布，莺飞草长的美丽的春天，绿树掩映下叮咚作响的潺潺流水，都是在运动中维持着醉人的美丽，带给人们感官的惬意。

运动给人们带来了希望，带来了梦想和憧憬。如果世间的事物都是一成不变的，固定不动的，那么，贫穷的永远贫穷，失败的永远失败，受制于人的永远受制于人，你是什么就是什么，一切听天由命。正是由于世间万事万物的运动变化原理，给我们的人生带来了无限的可能性，给我们的理想和梦想插上了翅膀，使我们相信人的一生不管你现在怎么样，但是将来一切皆有可能。

物质是运动的，运动的物质是相互联系、相互作用的。有一种心态叫患得患失，害怕变化，害怕明天。这是墨守成规无所作为的落后的观念在作祟。人一无所有来到了世界上，能失去什么呢？失去的是一无所有，得到的是新世界，是全新的真我。作为拥有明天和未来的人来说，应当勇敢地迎接变化，面对人生的一切风云。

事实上，一旦你面对变化，投入到世界的变化之中，就会发现，你将焕发了新的力量，增加了正力量。一滴水的力量是多么微小，掉在地上会很快干涸，落在草丛中无影无踪，然而，一旦投入了大江大海，就重新焕发了新的生命力。它被大江大海的力量所鼓动，具有了大江大海的气势；它被周围的大浪推拥着，成为惊涛骇浪的一分子，浪遏飞舟，卷起千堆雪；它将经历激流险滩，穿过崇山峻岭，阅历大江大河，增加了无穷的见识；它焕发了从来没有过的力量，拥有了大无畏的精神，一往无前，奔向远方。

尽管运动会打破现状，带来变数，但是，我们一定要正确地对待运动，看待事物的发展变化。因为只有变化，才能改变现实，使我们拥有未来，实现梦想。

磁力

磁力是具有磁性的物体之间的吸引力或者排斥力。

相传黄帝和蚩尤决战，在大雾中迷失了方向，大军无法前进。晚上黄帝做了个奇怪的梦，梦中黄帝向九天玄女求救，九天玄女用手指着北斗星的方向。黄帝受到启发，于是造出来了指南车，突破蚩尤的包围，取得了战争的胜利。指南针发明于战国时期。那时，人们发现有一种石头能吸铁，就把它叫做吸铁石。后来，发现磁石能指南，就把磁石磨成一个勺，放在一个光滑的标有方向的铜盘上，将勺旋转之后停下来，勺柄正好指着南方，人们把它叫做司南。后来，人们进一步改进司南，从而制作了磁针，把磁针放在一个标有方向的盘子里，磁针静止时指向南北方向，这就叫做指南针。

指南针的发明就是利用了磁场的作用原理而后制作的，地球的南北极具有磁性，是两个磁场。《管子》一书中有这样记载："上有慈石者，下有铜金。"那时人们已经知道磁石的存在。磁石存在的吸引力叫做磁力，它具有一种作用力，可以吸引物体或排斥物体。磁石之间存在着磁场，磁体间的相互作用是通过磁场进行的。这是一种无形的力量，也是一种隐秘的力量，吸引或排斥着带有磁性的物体。

其实，不仅仅在自然界存在磁力，人与人、人与世界之间也存在"磁力"。有的人是一道风景，人心所向，趋之若鹜；有的人是一堵墙，不愿与之交往。有的人，散发着一种迷人的魅力，其为人处世、学识智慧、气质魅力吸引着每个人，形成凝聚力，对其事业有着巨大的推动力。反之，那些人心向背的人，为人刻薄，浅陋愚昧，固执己见，不善于团结人，产生了一种排斥力，人们躲之唯恐不及，孤独寂寞，形影相吊，事业无从提起。当人生到了这种地步，一定要好好总结一下，为什么自己没有吸引力和凝聚力？毕竟一个人真正的幸福，是离不开别人的，孤独的人没有幸福可言。要得到幸福，实现理想，必须借助平台。没有一定的平台，一切皆无可能。一个人的幸福和理想，离不开众人的支持，与别人和社会息息相关，否则毫无价值。

　　人们的思想、意识、行动与结果总是统一的。正像地球上南北两极形成的磁力遍布世界一样，人世间也遍布着互相作用的力量。人类的思想、意识的对象是物质世界，当人类开始进行精神活动和主观能动性时，相对应的物质世界就会感应并随之变化，仿佛是一种看不到却实际存在的磁力一样，对应着和世界的关系。精神的力量通过你的思想、举止、行动，与客观对象进行交流沟通，指向你的意向所到达之处。你所思所想、所作所为，就产生一种强烈的力量。同时，你的所思所想、所作所为也在排斥着你不愿看到的结果，战胜你要拒绝的东西。精诚所至，金石为开，我们的诚心和努力达到极致时，如风过草伏，云来雨至，目标就自然而然实现了。所谓时来天地皆同力，运去英雄不自由。难道不是这样吗？精卫填海，愚公移山，这些看似不可想象的神话传说，从另一方面印证了磁力法则。

然而，令人诧异的是，越担心什么，什么就会发生；越拒绝什么，什么就真的来临；越是恐惧什么，什么就找上门来。最奇怪的是，你担心考试不好，结果就没有考好；你担忧求职失败，结果就失败了；你害怕别人议论你，结果你听到和看到的都是对你的非议。因为人们内心里的担心、担忧、害怕和恐惧，在大脑中形成了一股意识，随着这种情绪的不断叠加和强化，大脑的空间全被这种负面的意识所占据，自然就导向了你所最不愿意看到的结果。真正的思考应当是这样的，你喜欢什么就想什么，期待什么就做什么；厌恶什么就不想什么，拒绝什么就离开什么，这样才能心如所愿。

你对着镜子微笑，镜子就对你微笑；你对世界微笑，世界就对你微笑。哲学家说，世界不是缺少美，而是缺少发现美的眼睛，也是这个道理。

当我们明白了这一切时，就会深刻体会到磁力的作用。只要能够灵活运用这种力量，就会积聚内在的正力量，吸收正力量。

生长力

天地万物从何而来，没有最终的答案。

显而易见，宇宙本身就具有一种创造万物的力量。生长力是世界万物诞生和存在的根本，是植物、昆虫、动物乃至人类产生和存在的根本。生长力先于世间万物而存在，在植物、昆虫、动物诞生以前，生长力就存在了。如果没有生长力，万物就不会诞生和存在。

世间千千万万的物种，是自然的产物，是大地的产物，而不是人类的作品，人类本身也是自然的产物。迄今以来，人类只是有幸认识和改造着自然，建立和创造着自己的生活，并没有给大自然带来多大的贡献。大地承载万物，包容世界，无论是高山峡谷、江河湖海，还是草木花卉、飞禽走兽，都在大地上存在。阳光、空气、大地、水，都是为了万物的生长准备的，充满着生长的元素。正是由于大地的包容博大，才使世界千姿百态，欣欣向荣。

神秘的生长力，遍布于整个世界，存在于每一块土地、每一个条河流、每一座山脉之中，存在于树木、花卉、庄稼之内，存在于风雨雷电和每一缕空气之间。人类的呼吸吐纳、凝神屏气离不开这种力量，衣食住行都与之密切相关。这种生长力，浩浩荡荡，混混沌沌，无边无际，无始无终，充盈于地球之上，形成了不可阻止不可限量的巨大力量，推动着万物的繁衍生息和历史的演进，影响着、推动着、决定着万物的生长。

生命本身就包含着一种向上的力量，一种成长的元素。

有人做了一项实验。把南瓜籽放进土壤里，长出秧苗之后，把一块巨石压在上边。不经意间过了几个月，夏天的狂风暴雨，秋天的阴雨连绵，到了南瓜成熟的季节。本来以为南瓜苗已经夭折了，可是，到那块地里一看，南瓜秧子竟然在巨石的边缘，穿过五六米远的土地的黑暗，顽强地顶破土壤生长出来了。根须要比平常的南瓜根须更加粗壮有力，围着石头的边缘几平方米都是南瓜籽的郁郁葱葱的生命。

一颗小小的树籽，在常人眼里不过是一个豆子大的东西而已，没有什么奇怪的，甚至一脚就可以踩扁。但是，树籽所孕育的向上的力量、无可阻挡的生命力是多么强大。不起眼的小小的树籽，一旦放进土壤里，那种向上的力量将无法阻挡，令人震撼。我们看到在苍茫的北方的山石之间，那种坚强挺立的数十米高的松柏葱葱郁郁，雨雪风霜，雷劈电击，无法阻挡它们的成长。

习以为常的现象，就是最大的神奇！豆子般大小的树籽，竟然变为几十倍以至于成千上万倍大小的树，它的坚韧、重量、质量、形状，都和原来的树籽大相径庭，甚至有着天壤之别。

而作为万物之灵的人类，怎么能限量呢？

一颗小小的树籽，可以成长为千万倍的大树，由此推论，那么刚出生的婴儿，蕴藏着多么大的力量呢？可以想象吗？

人没有像树籽变作大树那样的庞然大物，而把这些变作了智慧和无法蠡测的力量，隐藏在每一个细胞里，集纳于心灵之中、意识之中。

作为万物之灵的人类，其生命本身所孕育的无穷的力量，应当说远远大于没有思想没有意识的植物。人身上的力量是很神奇的，在人们看来细细的头发，其实也有着神秘之处。每个人头上大约有 10 万根头发。一头头发每年生长累积的长度达

16 公里；2000 根头发能承重 30 公斤，一头头发理论上能拉起两头大象。

从人类的大脑来说，细胞元素所孕育的智慧和潜藏的能量无法估量。大脑由 140 亿个脑细胞组成，每个脑细胞可生长出 2 万个树枝状的树突，用来计算信息。人脑"计算机"远远超过世界最强大的计算机。人脑可储存 50 亿本书的信息，相当于世界上藏书最多的美国国会图书馆（1000 万册）的 500 倍。人脑神经细胞每秒可完成信息传递和交换次数达 1000 亿次。处于激活状态下的人脑，每天可以记住四本书的全部内容。科学家认为，人类对自身大脑的开发和利用程度仅有 10%。

人类的潜在力量、蕴藏的生命能量、无穷的智慧，是不可限量的，是人生永远取之不尽用之不竭的源泉。所以，任何时候，我们都要对人生充满信心，满怀希望，把命运掌握在自己手里。

善的力量

每个人的心中，都向往着美好的生活，都有向善的愿望，都有为了愿望而努力的动力，人类天生地具有向善的要求，这就是向善力。

世间存在着向善的力量，体现在宇宙之中，那规则的星空，日月朗照，繁星闪烁；体现在大地上则是云行雨施，四季交替，河流灌溉，水草丰美，牛羊成群。这样一种向善的力量，使我们所处的世界，植物生长，花开花谢。

阳光无私地照耀大地，雨露无私地滋养万物，春风无私地吹拂大地，大地无私地承载人类。在没有人类之前，万物就存在，万物养育着人类，万物呈现出地球本来的面貌。有人说，如果没有人为的破坏，自然环境只能比现在更美好，这说明天地之间本身就具有一种调节的力量、向善向美的力量。

人性善恶，自古以来争论不休。有人认为，人之初，性本善。《孟子·告子上》道："恻隐之心，仁之端也；羞恶之心，义之端也；辞让之心，礼之端也；是非之心，智之端也。人之有是四端也，犹其有四体也。"孟子认为人先天地具有仁义礼智的善心。孟子主张人必须从自身的善念出发，扬弃邪恶，完善自己的道德品质。有人认为人之初，性本恶，因为人是有欲望的，欲望产生索取的念头，索取的过程会助长恶念的产生和行为。《荀子·荣辱》道："饥而欲食，寒而欲暖，劳而欲息，好利而恶害，是人之所生而有也，是无待而然者也，是禹桀之所同也。"因此，《荀子·性恶》道："人之性恶，其善者伪也。"基督教认为人是上帝创造的。由于人类的始祖亚当和夏娃经不住诱惑而偷食了禁果，犯下了不可饶恕的罪孽，并伴随着每一个人的出生永恒地世代遗传下来，因而人本身就是恶的，必须为恶赎罪。又有人认为，人性无所谓善恶，如同一张白纸，近朱者赤，近墨者黑，完全是后天的结果。

这些观点从不同的侧面探讨了人性的多样性和复杂性。究其本质来说，人性是善的，因为刚出生婴儿绝对没有恶念，更谈不上作恶的行为能力。天地有大美，宇宙本身是善的，善生万物，爱育万类。社会中出现的丑恶的一面，那是由于人格塑造的缺陷和社会原因形成的，并非人性的本来面目。如果人性本恶的话，那么，人类社会就不会发展到今天的现代文明，反而会不断地倒退。

人性秉承宇宙的善的力量，是天地间孕育的向善力所赋予的，正是由于这种力量，推动着人类社会向前发展，不断创造精神文明和物质文明。人类的求知的欲望、聪明的才智、四肢大脑、先天的对于美的渴慕，都是人类向善的证明。因为真理、智慧、知识都指向了善，真善美从来就是互为一体的。心理学家在研究人类的成长过程中发现，每个人对于人生的初始愿望都是美好的，不存在恶念。人们对于理想和未来的设计，对于生活的憧憬都是与善和美紧密相连的。正是来自于内心的先天的善的力量，鼓舞着人们去学习知识，发明创造，开拓新的生活，超越现实，面向未来。人类社会几千年的文明史，科学的进步、社会的昌明、艺术的创造，都是依靠善的力量而发展的。

向善力是人类社会前进的根本的力量，是一种自发的力量，推动着人们追求幸福的生活，建设精神家园，创造美好未来。人类的血液里流淌着向善力，源源不断，生生不息，鼓舞着人们由童年到成年，不断成长壮大，追求自我超越。尽管人们在成长的过程中，遇到许多诱惑、遭受命运的折磨，但是，这种向善的力量从来没有消失，而是更深地植根于人类的心灵深处，引导人类社会走向前进。行善如登山，作恶如流水。向善虽然艰难，布满挫折和痛苦，需要做艰难的奋斗和付出，但是，人类的向善力从来不会因此消失，而是在与邪恶的斗争中对善充满了无比的向往。不管在人类发展史上有多少邪恶在肆虐，多少恶魔在猖狂，存在多少丑恶的现象，但是，从来也没有能够阻止人们对于善的追求和向往。

向善力是正力量，给人带来的是心灵的平静和幸福，带来的是心理的阳光和毅力，对于人的身心健康和成长都是正面的、向上的。这种力量调节者人们生活的航标，确立着人生的信念，使人生活得阳光、健康、幸福，使社会呈现一片祥和之象。人心所向，和谐相处，互相帮助，共同奋斗，必然走向坦途。

能量守恒

一分耕耘，一分收获。

在自然界中，江河的流动、太阳的照耀、风的运动，都产生一定的能量。

物理学认为：能量既不会消灭，也不会创生，它只会从一种形式转化为其他形式，或者从一个物体转移到另一个物体，而在转化和转移的过程中，能量的总量保持不变。这就是能量守恒定律。在一定条件下，各种能量形式互相转换时其量值不变，表明能量是不能被创造或消灭的。例如，人们拦河筑坝，可以把江河的动能，转化为电能；可以通过制造太阳能电池和风力发电机，把太阳能、风能转为电能，电能又可以通过电动机转换为机械能。又如物体从高空落下，重力势能转化为动能和内能；人用力推车，人的动能转为车子的动能，克服摩擦力向前运动；列车运行，通过煤炭的燃烧转为热能，再推动蒸汽机的运动，从而引领列车前进。

十九世纪法国物理学家卡诺谈到热能的转化时说："热无非是一种动力，或者索性是转换形式的运动。热是一种运动。对物体的小部分来说，假如发生了动力的消灭，那么与此同时，必然产生与消灭的动力量严格成正比的热量。相反地，在热消灭之处，就一定产生动力。因此可以建立这样的命题：动力的量在自然界中是不变的，更确切地说，动力的量既不能产生，也不能消灭。"

能量守恒定律是自然界最普遍、最重要的基本定律之一。自从发现能量守恒定律之后，它很快被接受并很快成为全部自然科学的基石。特别是在物理学中，每一种新的理论首先要检验它是否跟能量守恒原理相符合。大到宇宙天体的运动，小到原子核内部电子的运动，只要有能量转化，就一定服从能量守恒的规律。随着科学的进步发展，我们的日常生活与能量守恒定律息息相关。我们所须臾不可离开的电能、通信技术、交通运输等，都遵循着能量守恒定律。这一定律在人们的生活的各个领域都发挥着重要的作用，成为人们认识自然和利用自然的法宝。

能量守恒定律对于人生也有着莫大的意义，具有不可替代的作用。格言道："只要功夫深，铁杵磨成针。"又道：

"功到自然成。"都是强调了人们的主观努力作用。只要付出,就有回报。这种付出通过人们的努力,化作劳动的成果,达到人生预期的目的。从古至今,无数成就人生事业的人,都秉持着这一原则,孜孜不倦,向着人生的目标挺进。有的人总是一副悲观的模样,认为自己不如人,对前途和命运缺乏信心,在困难面前退缩。其实,困难是弹簧,你强它就弱。人生的努力如涓涓细流,终究会汇入江河,成滔滔之势;如一砖一瓦,只要不断地建造,终究会出现摩天大楼。

没有白做的事,没有白流的汗水,只要你努力了,命运总是会以各种不同的方式回报你的。用心读书,就会获得知识;用心努力,就会增加能力;用心探索,就会得到创新,正所谓一分耕耘,一分收获。那些懒惰的人,无所事事,游手好闲,指望天上掉馅饼,不劳而获,这是不可能的。即使想中彩票,也要去投资买彩票,哪有凭空就能中彩的呢?

能量守恒定律说明,万物的生存就是一种能量交换的过程,没有能量的交换和付出,是什么也不会得到的。单个的人是无法存在的,也是不可想象的。因为人的生命的延续,就需要补充能量并进行新陈代谢。人体获得能量,并把这种能量转为人生的努力,才不会使身体受累。如果一个人饱食终日无所事事,不仅无所作为,而且把这种食物的能量寄存到身体上,必然对身体造成伤害,那是因为能量不灭,它总是要发挥自身的作用的,以另外一种方式转化掉的。只有接纳外物的能量,转为维持生命自身的能量,同时,把储存的能量与外物交换,才能体现人生的价值,发挥自己的作用。

第二章 | 塑造自我

自我是个体生命的体现,是实现人生价值的媒介。只有拥有自我,实现自我,生命才能升华。

何为自我？

《圣经》说："一个人即使得到整个世界，如果失去了自己，那又有什么用呢？"

人生最难参透的就是自己，最难认识的其实就是自我。人生的成功、欢乐、痛苦、荣耀、财富、理想等等，所有的一切都来源于自我。

自我即是自己，是个体的素质、知识、能力的综合评价。自我是个体存在的前提，包括了个体的精神、物质和社会的方方面面的因素，是构成个体全部体系的总称。一个人之所以存在并区别于其他人，就在于个体所体现出来的特征、行为和价值取向。所谓认识自我，就是擦亮眼睛，打开心灵的窗户，从方方面面，包括生理、身体、心理、知识、性格、环境等等方面来把握自己，解剖自己，从而努力改造自己，弥补自己，充实自己，完善自己总体来说，自我由四个部分组成，一是肉体的自我，即生命的自我，包括个体的身体素质和功能；二是意识的自我，个体对于外在世界的主观能动性及其认知能力；三是精神的自我，即个体在生存活动中所形成的种种观念从而建立的精神世界，包括人生观、世界观以及信仰、理想、目标，等等；四是社会的自我，指的是自我在社会活动中所承担的种种角色及其相应的社会评价。

个体的生命是唯一的，一个人只有一次生命。生命即个体对自身存在的体验。人生来是自由的，每个生命的诞生经历了复杂的过程，具有不可重复性。生命的成长、探险、作为都要经过自我来完成的，别人是无法代替的。一个人的痛苦、烦恼、喜悦、成功，只有自己能够真切地体会，也只有通过自己才能完成。当有人试图代替别人做出决定，实际上是反人性反自然的。在自我成长的过程中，由于方方面面的原因，自我在一定情况下被预先设计和安排，这对自我的成长并不一定有益。比如，有的父母对于孩子一切包办，总怕孩子吃苦受罪，过分溺爱，反而不利于孩子自我的成长，使孩子终将失去自我成长的机会，从而缺失生存竞争的能力。古语道，溺子即杀子，意思是过分地溺爱孩子等于是毁灭孩子。这句话可谓入木三分，一针见血地道出了在自我成长过程中，家庭、社会、环境对于自我所造成的影响力，反映了人们对于自我教育所存在的缺陷和认知上错误。道理确实如此。生活中这样的事例屡见不鲜，这就说明，要想塑造真正的自我，只有用正确的方法，让自我亲历一切，承受生活中该承受的，担当社会中应当担当的，才能使自我逐步完善起来。

　　生命具有内在的正力量。自我是生命的体现，生命从诞生的那天起就具有成长力。成长力使人们的身体、精神、能力不断发展增长，超越自身，走向完善。从婴儿的呱呱落地，到学会说话走路，从童年、少年、青年、壮年到老年，个体生命是一个由弱到强的过程，从动物人变为更高层次的社会人的过程。在此过程中，人类赤条条地来到世界上，由一无所有，到长大成人，拥有了知识和能力，创造了一定的物质财富和精神财富，完成了自我的塑造过程。

　　人禀赋天地日月之灵气，降临在大地上。文天祥《正气歌》道："天地有正气，杂然赋流形。下则为河岳，上则为日星。于人曰浩然，沛乎塞苍冥。时穷节乃见，一一垂丹青。……是气所磅礴，凛然万古存。当其贯日月，生死安足论！地维赖以立，天柱赖以尊。"意思是天地之间存在正力量之气，赋予世界万物之形。在大地上为河流山脉，在天上为日月星辰，在人身上体现为浩然正气，这种正气充塞宇宙世界。遇到穷困之时显示这种气节，青史留名载于历史。这种磅礴正气，自古以来凛然存在，贯于日月，生与死又算什么呢？大地靠正气而存在，天空靠正气而成至尊。文天祥的《正气歌》从自然、社会、宇宙的各方面阐述了正气的存在和显示的无比的力量，讴歌了自有宇宙世界以来弥漫在世间的天然存在的浩然正气，给人以精神的感召和力量。当我们默默感受和体验这种气贯长虹的力量时，还有什么困难能够阻止我们的成长呢？还有什么邪恶之力能够剥夺我们蓬勃向上的生命力呢？又还有什么东西能够堵塞心灵的甘泉呢？

生命充满着正力量，每个人都可以成为自己所期望的那种人。因为任何生命总是指向未来，而不是过去。每个生命具有内在的元素，引导生命走向强大。这是从生命的基因中带来的，是生命先天具备的，这就是生命向前向上的元素。石头不可能说话，鸡蛋孵不出猴子，树木只能长成树木的样子。所谓种瓜得瓜，种豆得豆，凡事都是有因果的。因是果的条件，果是因的延伸。正因为个体生命本身所包含的生长因素、智慧因素和能力因素，才使生命发展壮大，呈现出本来应当呈现的样子。

人类的所有的能力、知识、创造，说到底是对于生命内在正力量的发掘和完善。说的再详细些，每个个体生命，都具备了生命的许多可能性，也就是每个人都具备了作为人的天然素质，成败与否就在于自我的努力和超越。《孟子·滕文公上》借颜渊之口道："舜何？人也；予何？人也。有为者亦若是。"意思是，舜帝是什么呢？是人啊；我是什么呢？我也是人啊。同样都是人，我为什么不能与舜帝一样建立不朽的业绩呢？有作为的人应当这么想啊！这就是古代哲人的"人人皆可为尧舜"的思想。

人类历史的进程，不仅是文明的进程，也是正力量的传承。往圣前贤所创立的思想文化，所建立的人类精神世界，都是我们取之不尽用之不竭的正力量的源泉。无论是仁人志士的英雄事迹，还是言传身教，对于我们都是宝贵的精神财富，引导着我们的人生方向，提升着我们的精神境界，使自我在不断地塑造和完善中对社会有所贡献，有所作为。历史进程中，那一行行先行者的足迹，所树立的人生的路标，铺筑了人类的历史，连接了人类的未来，使世界历史的发展浩浩荡荡，不可阻挡。

认识自我

倘若你想征服全世界，你就得征服自己。

人生的过程，就是不断地认识自我和完善自我的过程。只要人生在继续，自我就需要完善。在成长过程中，每个人都具有各自的优势，也难免存在不足和缺点。文艺复兴时期法国思想家蒙田说："每人都看自己的前面，但我看自己的内部，对于我，只有自己是对象，我经常研究自己，检查自己，仔细探讨自己。"自我虽然潜在地具备各种能力和素质，但是必须经过后天的学习和塑造才能够得以实现，真正发挥自我的价值。谁都知道，人们只有经过后天的学习和实践，才能掌握知识，具备行为能力，开发潜在的能力和智慧。因此，蒙田看的不是自己的前面，也不是别人，而是经常研究自己，检查自己，探讨自己。这也是蒙田能够成为卓有成就的思想家的原因之一。

最难认识的就是自己，当我们旋转生活的镜子时，看到的往往是别人，却不注意看看自己，欣赏自己。眼睛看不到鼻子，更看不到眉毛，眼睛周围的自身之物都看不到，何况无形无质的自我呢？认识自我是一个艰难的过程，并非一蹴而就。对于每个人来说，你追求的是什么，你需要的是什么，你的特长是什么，应当如何完善自己，这是人生必须回答的问题，也是时刻需要面对的问题。可是，人类的惰性使然，以至于在认识自我方面往往存在误区或者是缺失。李逵是梁山泊数得上的英雄好汉，擅长于板斧，可是，由于言行不慎惹恼了浪里白条燕青。在陆地上李逵以一敌十，燕青自然不是对手。于是，燕青就把李逵引到船上，李逵怕水，又不会游泳，一旦掉到水里也无法施展，被燕青收拾得狼狈不堪。李逵由于认识不到这点，才吃了大亏。

人生是没有止境的，自我的形成也是没有止境的。自我是不完美的，也永远不可能完美无缺，总是存在这样或那样的不足。尺有所短，寸有所长，每个人都不可能天生的完美。善于出谋划策，也许行动力是弱项；擅长逻辑思维，也许形象思维就是短处；知识多，也许失去冒险的勇气；缺少经验，也许不易受到条条框框的限制，敢于创新，所谓初生牛犊不怕虎。同时，知识是无限的，一个人的学习也是无限的。俗话说，活到老，学到老，学到老，学不了，就是这个道理。生活犹如一把神奇的刻刀，雕刻着我们的自我，矫正着我们的缺点，使自我在人生的长河里更趋完善。

由于认知能力和自身局限性，人们很难全面地认识自己，并做出正确的评价和判断。自己的优点什么？缺点什么？这是认识自我的前提，可是并不见得人们都对自己有正确的看法和判断。往往许多人对自己认识不到位，从而影响了事业的发展，给人生造成了难以弥补的损失。人们借用镜子发现脸上的瑕疵，同样的道理，通过别人的评价以及与别人的比较，更能发现自己的不足。有的人自以为是，容不得别人的忠告，不仅没有改正缺点，完善自己，反而拒绝"镜子"，打碎"镜子"，最后受到生活的惩罚。

只有认识自我，了解自我，才能制订正确的人生计划，确定事业的方向。一个人不清楚自己的优势和劣势，明白自己缺失什么，需要得到什么，只是一味地蛮干，或者是当一天和尚撞一天钟，走一步看一步，难免会有盲人骑瞎马，夜半临深池之虞。不了解自己，就不可能形成正确的目标，也就不会有正确的行动。无论是学习还是成就事业，首先要认识自己，了解自己，如优点缺点、专业特长、智力因素、能力特点，同时，还要清楚自己的价值取向、性格类型、所处环境、知识结构等等，以便提前准备和预防可能发生的情况。当人们充分认识自己、了解自己，并能付诸确实的行动后，才有可能取得成绩，向人生的目标迈进。

自己认识自我很难，别人对你的认识也不见得正确，如你所愿。每个父母都有望子成龙之心，可是，对待子女的教育方面往往自以为是，一味地按照自己所希望的那样去做，结果是南辕北辙，适得其反。上小学的孩子，除过正常的学习之外，家长总是想方设法给孩子报各种学习班，如奥数班、英语班、舞蹈班、绘画班、书法班、钢琴班、作文班等等，不管孩子能不能承受，喜欢不喜欢，擅长不擅长，统统强加于孩子身上。结果，孩子不是生活在无忧无虑的欢乐的童年中，而是被各种学习班锁住了心灵，缺失了童年的美好记忆。看着孩子近视的眼睛、被书包压弯的肩膀、每天背诵着枯燥乏味的英语单词，真害怕他们承受不住，担心自小就厌倦了学习，失去了学习的快乐和兴趣，一旦这样，以后的学生生活则是痛苦而没有动力的，又怎能成才呢？据报道，北京某小学有个学生就是由于厌倦学习，整天上网，后来离家出走。

自古至今，人们常常有英雄无用武之地的感叹，原因就是社会用非其才，缺乏对于"自我"的认识和重用。韩非是战国末期杰出的法家代表人物，出身于韩国的贵族，自幼勤奋好学，与李斯一起师承荀子。韩非思想深刻，才华横溢，可是，不善言辞。他认真研究战国末期各国的现状，多次上书国王，提出富国强兵、修明法度、任用贤能、赏罚分明的主张，可是，不被国王赏识，只好退而发愤著书，写成了包括《内外储》、《五蠹》、《说难》等在内的巨著《韩非子》一书。这本书囊括了韩非的政治理论思想，涉及政治、法律、哲学、社会、经济、军事等各个方面，为实行统一中国，建立中央集权的国家提供了有力的理论依据。他的书被秦王看到后，引以为治国纲领，为了得到韩非，秦王于公元前234年攻打韩国，韩王只好交出韩非，以求秦王退兵。韩非到了秦国之后，让身为宰相的李斯感到不安，李斯嫉妒韩非的才能，对秦王说："韩非是韩国的公子，久留不用必然会有后患，不如设计诛杀韩非。"后来，秦王听信了李斯的谗言，就把韩非关进监狱。李斯并没有就此罢休，又逼迫韩非在狱中服毒自杀。等到秦王欲启用韩非时，韩非已经死在秦国云阳的监狱中了。一代思想家韩非，身怀旷世奇学，在韩国不受重用，到秦国后不到一年，又被迫害致死。

　　伯乐相马的故事之所以流传得如此久，就是因为自古至今，有多少英雄一生坎坷，有多少奇才默默无闻。每个人都想遇到自己人生的伯乐，发挥自己的优势和才能。可是，伯乐却少之又少，人们呼唤伯乐，其实呼唤的是自我价值，希望遇到知音，得到认同。由此，唐代韩愈在《马说》一文慨叹："世有伯乐，然后有千里马。千里马常有，而伯乐不常有。故虽有名马，只辱于奴隶人之手，骈死于槽枥之间，不以千里称也。"要避免这种情况的发生，不仅自己要认识自我，也要善于让别人认识自己，学会推销自己。

寻找自我

　　世界并非是桃花源，也非伊甸园，既有真善美，也有假恶丑，每个人要面对世界，面对自己。世界是五光十色、色彩斑斓的，作为社会的人，既不可能离群索居，也不可能不食人间烟火。人们只有拥有自我，才能激发自我的正力量，做一个大写的人。然而，在人生的道路上，有的人渐渐失去了自我，不知自我为何物。

　　社会的万花筒、生活的多样性、欲望的膨胀化、环境的影响力，使自我在五光十色的世界里，左冲右突，不断地追寻，有时候清醒，有时候迷失。自我的塑造是一个复杂的过程，也是一个严格自律的过程。自我是任性的，喜欢流浪，喜欢诱惑；自我是好奇的，喜欢尝试，喜欢探险；自我是向上的，喜欢求知，喜欢涉猎；自我是矛盾的，缺点优点，集于一身，必须好好把握自己。

自我迷失有如下特征：

一是百无聊赖，无所事事。出现这种状况，一定是自我迷失，不知道人生该做什么。本来，每个人的本我是积极向上的、主动追求生活的，可是，存在迷失自我状况的人，不是以人生的理想、工作为重，而是失去奋斗方向和动力，陷入极度的空虚无聊，无所作为，没有斗志，使时间白白流失。无聊的人由于无事可做，不是赖在床上睡懒觉，就是走出去到处晃荡，说闲话做闲事，可是，这并不是解决无聊的根本措施。即使这样，也不见得能够摆脱无聊，当独自面对的时候，还是感到无聊无奈。要克服无聊的状态，需要重新调整生活，明白自己的人生目标，计划做什么，必须做什么，把精力投入到人生的目标中。

二是心情郁闷，感到压抑。这种现象往往是在工作中碰到的，表明自己的诉求或者价值未能体现出来。面对心情郁闷、心理压抑的这种状况，错误的做法是让这种状况占据日常生活，时时处处留下它的影子，从而影响了心情。积极的做法是认真分析造成心情郁闷、心理压抑的原因，找出相应的对策，主动沟通，正确对待遇到的问题，化解矛盾，从而使自己走出郁闷和压抑的阴影，积极投身到所从事的事业之中。

三是失去自我，沦为工具。每个人有自己的人生，想拥有美好的幸福生活。可是，内心的愿望和目标，必须通过积极的奋斗去争取，而不应通过改变自己、扭曲自己的不当方式得到。这样的例子是很多的。某些人想在学术上取得成就，得到虚名，却不去努力探索，付出心血，而是费尽心机，剽窃别人的学术成果，只作少许改动或者换汤不换药，就在权威的杂志发表出来。自以为做得天衣无缝，无人知道，可是，纸包不住火，最终被人揭露出来，让学术界不齿，断送了学术生涯。有的人为了向上爬，谋取一官半职，对顶头上司点头哈腰，奴颜婢骨，百般讨好，甚至丧失人格以达到目的；对同事则颐指气使，趾高气扬，不可一世，一副高高在上的样子。这样的人，即使侥幸被上司赏识，但是，由于失去了自我，缺失了做人的最起码的底线，最终会摔跟头的。其实，无论什么行业，职务高低，每个人在人格上是平等的。人格是高贵的，不是用来谄媚的。一旦失去了人格，就失去了做人的底线，被人看得一钱不值，自我价值则无法界定。因此，人们常常对这种人嗤之以鼻，叫做没有骨头，或者干脆名之为"不是人"。

四是物欲横流，被物所役。有个成语故事，说的是唐昭宗时，有个医生名叫孟斧，专门治疗毒疮，医术高明，疗效显著。唐昭宗知道后，宫中如有人生了毒疮，就命他来宫中治疗。后来由于战乱，孟斧便举家迁往四川居住。他按照宫中的样子，把自己的家做了精美的装修。家里的墙壁、室内的橱柜和家具，全部都贴上一层薄薄的金箔，孟斧陶醉在自己的新居中，自得其乐。人们来访时，只见满屋金光闪耀，光彩夺目，令人眼花缭乱。有人称孟斧的居室金碧辉煌，使人纸醉金迷。这个故事讽刺的是那些贪图物质享受的人。在现代，由于物质的日益丰富，有的人更加追求享受，比豪车、比豪宅、比吃穿、比首饰，陷入物质的泥潭不可自拔，沦为物质的奴隶。这些人的幸福、快乐都寄托在金钱上，甚至将感情、爱情、人际关系都与此挂钩。因为买不起一套房子，山盟海誓的爱情转眼间就化为云烟。有的人因为飙车炫富，违反交通规则，出现车祸，断送了生命；因为追求金钱，贪污受贿，身陷囹圄，从此没有自由；因为别人穿名牌、坐名车，行走于名流社会，而自惭形秽，陷入痛苦之中。

如此等等，人们不是善待自己，发展自我，追求个性，实现自我价值，而是把一切建立在物质利益上，于是，人人奔忙，人人争逐，人人疲倦，人人痛苦。这是值得人们警惕的。看看伟人的人生境界，李白说："安能摧眉折腰事权贵，使我不得开心颜。"何等豪迈，气节高昂！毛泽东诗："指点江山，激扬文字，粪土当年万户侯。"又是何等的意气风发，蔑视权贵！只有从物质的奴役中解放出来，才能实现自我价值，塑造自我。

哲学家研究物质对于人的改变，提出了异化观点。异化的本意是转让、疏远、脱离等意。黑格尔认为异化是主体与客体的分裂对立。马克思主义哲学认为，异化是人们的生产活动和物质产品反过来统治人的一种社会现象。由于异化的作用，人丧失主观能动性，人被自己之外的力量所主宰，变为外在的异己的力量。个性不能发展，自我不能张扬，反而出现了背叛自我，禁锢自我的种种行为，人们在不知不觉中成为自己的对立面，不是自己所希望的那种人。

佛说："迷悟皆由心。"心是人的主宰，是控制人的言行的枢纽。要找回自我，首先要从心开始，做到正心。《大学·修身先正心》说："所谓修身在正其心者，身有所忿懥，则不得其正；有所恐惧，则不得其正；有所好乐，则不得其正；有所忧患，则不得其正。"意思是为什么说修养自我在于端正自己的心灵呢，因为心里有愤懑，那么行为就不能够端正；心有恐惧，行为就不能够端正；心灵痴迷有所好乐，行为就会偏离方向；有所忧患行为也不会端正。人们被各种外在的事物所影响、所控制，随物而喜，随物而忧，随物而怒，随物而放纵自己的意识和身体，把身体当做追逐外物的工具，则迷失了自我。有句话："智者转心不转境，愚者转境不转心。"说的就是智慧的人，只要端正了自己的心灵，不用管外部的环境如何，心就不会随着外部的环境去变化，而愚蠢的人，往往心会跟着外界的变化而变化，定不住自己。寻找正力量，就要超脱物质生活，摆脱外部环境对于心理的影响，转变观念，从而改变事物发展的走向，实现自我价值，获得人生的智慧。

破除我执

有的人失去自我，有的人执著自我，处处以自我为中心，以至于束缚了自我的发展，给自我带上了紧箍咒。

我执的概念来源于佛教，指的是对于某种事物或者观念的过度迷恋执着，以至于不明事理，执迷不悟，一心在错误的道路上走到底。我执的人表现为固执己见，一意孤行，无视别人的见解，把自己的主观意志放到很重要的位置上。被我执所束缚的人，别人怎么劝导也想不开，放不下，与愚昧为伍，不撞南墙不回头。现实中经常有这样的人，内心焦虑痛苦，多少人劝导都不听，多少人做工作都置若罔闻。一心只在自己划定的范围里兜圈子。所以，人们说人的工作最难做，其实，就是说的我执的人，陷入其中很难觉悟。

痛苦的根源来自于我执。因为痛苦来源于心理感受，是心理活动的表现。所有的痛苦都是经过人们的感觉器官，引起心理活动而后产生的。石头不会痛苦，树木不会痛苦，即使万物由于损伤所产生的种种苦状，也是人们对于万物的感受和命名，说到底还是来源于人们的心理状态。《唯识述记》云："烦恼障品类众多，我执为根，生诸烦恼，若不执我，无烦恼故。"烦恼的种类是很多的，说到底根本的原因在于我执，如果没有我执，内心不起障碍，是不会有烦恼的。

内心的障碍就是被我执所主宰，而不是被自己所主宰。把人生的事业、情感、幸福、成功等都寄托在自身以外的因素之上，念念不忘，不达目的，决不罢休。执著自我的人，往往不顾客观规律，忽视事实存在，注重内心的所思所想，把内心虚构的生活幻想作为真实世界，一心追逐，罔顾其他。

在红尘世界中奔忙的人们，一旦陷入我执，无论是力大如牛的男子，还是娇弱温柔的女子，八头牛都拉不回去，内心是如此的顽固，堪比花岗岩的硬度。《红楼梦》里有个体弱多病、多愁善感、才貌双全的女子林黛玉，内心纯净，纤尘不染，她喜欢上了贾府的贾宝玉。贾宝玉是贾府的贵公子，天分高明，性情颖慧，他鄙视功名，厌倦仕途，反对男尊女卑的观念，偏爱女性，他说："女儿是水做的骨肉，男子是泥做的骨肉。我见了女儿便清爽，见了男子便觉浊臭逼人！"林黛玉深深爱着贾宝玉，既那么纯真，又那么执著。后来两人的爱情由于贾母的插手，贾宝玉抛弃林黛玉，和薛宝钗成婚。陷入绝望的林黛玉，在贾宝玉和薛宝钗新婚之际悲伤欲绝，泪尽而逝。林黛玉曾作《葬花吟》倾诉衷肠道：

一年三百六十日，风刀霜剑严相逼；
明媚鲜妍能几时，一朝漂泊难寻觅。
花开易见落难寻，阶前愁杀葬花人；
独把花锄偷洒泪，洒上空枝见血痕。

一曲葬花吟，几多辛酸泪，诉尽了黛玉的感情的痛苦和内心的折磨。林黛玉寄身贾府，过着富贵的生活，何来的"风刀霜剑"？何来的"阶前愁煞"？乃是因为爱情的折磨。爱情是双方的，不是一方能主宰的，有情人难成眷属，自古亦然。既然不成，还有美好的人生，何况"天涯何处无芳草"，何苦那么"我执"？与其说林黛玉是体弱多病，倒不如说是被我执的"风刀霜剑"所害死的。由此可知，我执也许是比风刀霜剑还残忍的东西。其实，古往今来的许多爱情悲剧，都与我执有关。

落花有意，流水无情。花自飘零水自流，干卿何事？你可以执著其他，唯有感情的东西是不能执著的，过于执着只能带来内心的创伤，自己糟践自己。

　　郭富城在谈起与相处多年的恋人分手时说："佛说，苦非苦，乐非乐，只是一时的执念而已。执于一念，将受困于一念；一念放下，会自在于心间。物随心转，境由心造，烦恼皆由心生。有些人，有些事，是可遇不可求的，强求只有痛苦。既然这样，就放宽心态，顺其自然。无论何时何地，都要拥有一颗安闲自在的心，保持豁达的心态，不让自己活得累。"这段话揭示了执著一念、强求自己所带来的痛苦，要做到不要强求人事，具有豁达的心态。

　　我执是人生失败的原因之一。为什么这么说呢？我执使内心不明，心中的明镜被错误的尘埃所遮蔽，被愚昧所污染，于是对于事物的认识是错误的。认识的错误必然导致行为的错误，这是不言而喻的。因此，欲做事，先明心，心若明，事则易。抱着错误的观念去做事，鲜有不败的。

　　内心的固执是很可怕的，顽固地坚持一己之见，任何正确的意见都听不进去，一意孤行，鲁莽蛮干，必然遭受严厉的惩罚。每个股市交易厅都写着几个醒目的大字："股市有风险，入市需谨慎。"可是，痴迷于股市的人，为了赚钱是不管不顾的。内心里有个固执的念头，炒股可以赚钱，非赚钱不行。报载，有个年近八旬的股民每天是带着三样东西来炒股的：矿泉水、面包和速效救心丸。他一边盯着股指行情，一边告诉人："中午我不回家，就在这吃午饭，速效救心丸是预备犯心脏病时吃的。"心理学家分析说，这种人在股民中具有一定的代表性，他们沉迷股市，失去了正常生活，饮食作息不规律，注意力长时间高度集中，轻则造成失眠、焦虑、神经功能紊乱，重则容易引发心脑血管疾病。久而久之将对身心健康产生不利影响。

孔子说五十而知天命，年近八旬的年纪，还是如此痴迷身外之物，我执不已，甚至不顾生命健康，真是匪夷所思。

固执己见的人，好像是中了邪，吸了毒，即使是陷阱，也要跳下去；即使是鱼饵，也会奋不顾身吞下去。无数事实说明，无论我们做什么，听取别人的意见是多么重要。尤其是自认为绝对正确的时候，能够听听别人的意见，吸纳别人的长处，对于我们有着至关重要的帮助。

有人说，聪明人只犯一次错误。可是，我执使人重复着以往的错误，仿佛陷身于泥潭中不能自拔。

其实，人世间的一切都是各种主客观条件的总和，是在一定的时间、空间、条件下发生的，随着时间、空间、条件的变化，事物存在的根据也会变化，直至消失。世界是一个充满变化的世界，不是一成不变的世界。当年秦朝的万里长城、唐朝的盛世长安在哪里？达官贵人在哪里？倾国倾城的佳人又在哪里？还不是烟消云散，只是个传说！真可谓依稀往昔浑似梦，都随风雨到心头。一切都会过去，今天也会过去，永恒的事物其实是不存在的。我们能把握的只是现在和我们的心灵。人生如梦，何必那么固执？可是，那些我执的人，不知道万物的归宿，不知一切只不过是变化的产物，终将还要变化，自认为目之所视、耳之所闻、手之所触、心之所想，即是真实，从而贪心索取，痴情不改。求，则欲得之，不得则痛苦，则烦恼，让那些外在的东西和缥缈的幻象，甚至一生也不可能得到的事物，占据了美丽的心灵，统治了自由的身体，从此东奔西走，一刻不歇，直到不得不放下后才罢手，大梦醒来迟。

自我评价

有一种人不存在：没有缺点的人。要想保持清醒的头脑，必须对自己有一个全面的认识和正确的评价。

禅宗提出明心见性，要求人们摒弃世俗一切杂念，彻悟被错误的念头而迷失的本性，探究被蒙蔽的真正的自我，洞见明了生命的真谛。心本来是清净空灵的，但是，由于人们在社会交往中，与各种事物接触而产生的观念和思想，占据了心灵，左右了心理活动和行为，引起了情感的种种波动起伏，产生了种种障碍。性是心的本源，是自我的本性，深藏在内心深处。人们为什么总是失去自己呢？因为，本性是无形的、隐藏的、被动的，被人们的种种欲望和情感所包裹，被纷纷扰扰喧嚣不已的社会所包围，所以，每个人不见得了解自己，明白自己真实的想法，明白真正的自我是什么。个体迷而不觉，不知自我，只是一味地跟着欲望走，跟着感觉走，产生种种妄心，痴迷不悟，并把妄心、幻象当做实体，极力追逐。迷失的自我如浮萍在生活之海中漂流，随生活起伏，逐渐失去了本心。

心就是智慧心，性是本性。一个人能否实现心愿，走向成功，关键就在于能否找到自己的智慧心和本性。能够做到这一点，就少犯错误，解开内心的纠结和烦恼，避免错误的言行，悟到人生的真谛。幸福的人和痛苦的人的区别，不在于物质生活如何丰富，而在于是否有智慧心。

要做出正确的评价，要求我们明心见性，找到自己，认识自己的优势和长处，同时，也要正确地认识自己的缺点，做到扬长避短。一个人评价别人太容易了，评头品足，说长道短，随口而出，可是，当面对自己时，却不是容易的事，而需要有足够的智慧和勇气。

战国时期，赵国大将赵奢的儿子赵括，从小熟读兵书，口若悬河，谁也辩论不过他。甚至赵奢也不是他的对手，一次父子二人谈起军事，赵括把赵奢说得哑口无言。赵括自以为懂得军事谋略，天下无敌，洋洋自得，甚至小瞧赵奢的军事本领。赵奢担忧地对妻子说："打仗很危险，赵括只会纸上谈兵，假如赵王让他当将军带兵打仗，将会失败。"后来，赵王任命赵括为大将军，代替廉颇的职位，派他带兵与秦国打仗。赵括的母亲认为赵括只会夸夸其谈，缺乏实战能力，上书给赵王请求免掉赵括大将军的职务，但是，赵王过于相信纸上谈兵的赵括，认为赵括能够胜任。赵括成为大将军之后，废除了廉颇制订的军事纪律和规定，免掉旧的将领，启用新的将领。秦国的将军白起听说赵括代替廉颇与秦国作战，欣喜异常。白起调部队断绝赵军的粮道，把赵军一分为二。赵军被困四十多天，非常饥饿，士气低落。赵括亲自带领精兵作战，秦军用箭射死了赵括，赵军大败而降。

老子说："知人者智，自知者明。胜人者有力，自胜者强。"一个人认识别人是一种智慧，认识自己才能心明眼亮，避免错误。战胜别人也许只是蛮力而已，战胜自己才是真正的强者。赵军的惨败，根本的原因就在于赵括只知纸上谈兵，骄傲自大，没有清醒的头脑，认识不到自己的缺点，对战争没有做出正确的评价，从而兵败身亡，给赵国带来了灭顶之灾。可见，对于自我的认识是十分必要的。

自我评价是很复杂的过程，对自我要有一个起码的认识，明白自己的性格特征、心理状态、知识水平、实践能力、人际关系等等。性格急躁还是缓慢，心理乐观还是开朗，知识存在何种不足，在实践中能力的发挥运用，人际关系的优劣，这些对于工作和事业的成败都是至关重要的。要对自己的这种状态和能力，做出正确的分析评估，找出优势和差距，做出正确的决策，确定正确的目标。

不能把优点挂在嘴上，对自己的缺点却视而不见，极力掩护。优点就在你的身上，你认识不认识都在那里摆着，不会丢掉什么。而认识不到自己的缺点却要付出代价的。林则徐无论走到哪里做官，都给书房挂一幅横匾，上写两个大字："制怒。"原来，林则徐自幼聪颖，但性格急躁，容易发怒，顺利时洋洋自得，遭受挫折时便烦躁不安。他的父亲林宾日多次劝告见效不大，就给他讲了一个故事。有个县官非常孝敬父母，最恨不孝之人，犯案必严惩。一天，两个小偷偷了一头耕牛，又把失主家的儿子五花大绑押至县衙，诉说此儿打骂父母。县官一听大怒，儿子竟然敢打骂父母，于是喝令衙役杖责50大棍。这时，失主家的父母慌慌张张跑到县衙，为儿子辩护，说儿子被小偷陷害。县官听罢，追悔莫及。立令抓捕小偷，可是小偷已经跑了。林则徐听了很受感动，对自己的性格缺点有了深刻的认识。后来，林则徐成了封疆大吏，生怕因为性格暴怒犯下大错，于是把"制怒"两个大字挂在书房，时时鞭策自己，警示自己。林则徐感叹地说："性子急躁，遇事不顺心，便易发怒。发怒多了，肝火就旺，肝火旺，既坏事，又伤身。我看老年人得中风，十有八九是肝火旺的缘故。"

为什么有人失败？有人成功？这和自我评价是分不开的。应当说，每个人一生都会遇到几次决定命运的机会，但是由于对于自我的错误评价，使机会白白溜走。诸葛亮擅长谋略，所以刘备三顾茅庐时，诸葛亮和刘备纵论天下大势，给刘备出谋划策，奠定了三国鼎立的局面。诸葛亮明白自己的长处，高居军师职位，可以运筹帷幄，决胜千里之外，但论起神勇英武，是不如刘备手下的大将的。因此，诸葛亮绝对不会和张飞比杀敌，与关羽比大刀。

一个人只有明白自己的长处，扬长避短，才能找到事业的捷径、成功的诀窍。可是，现实中，许多人不明白这个道理，总是做些扬短避长的事。人们习惯于跟风，喜欢一窝蜂地做事。看到别人经商赚钱，就放下事业经商，也不想想自己有没有这方面的特长；看到炒期货可以盈利，就跟着炒期货，结果赔得精光；看到当老板可以赚钱，就辞掉工作下海，结果被大海淹没了；看着公务员吃香，就一门心思考公务员，也不分析自己的具体情况，一连考多年难如愿。

评价自我，不仅要自我诊断，认识自我，而且还要听取别人的意见。兼听则明，偏信则暗，众人的眼睛是雪亮的，你自己认识不到的缺点，实际上别人看得明明白白，所谓"不识庐山真面目，只缘身在此山中"。当事者迷，事实往往是这样的。与君一席言，胜读十年书。自己多少年都认识不到的错误，多少想不开的问题，也许旁人一指点就恍然大悟了。封闭的自我，就如同丹麦童话作家安徒生的《皇帝的新装》的故事。一个好大喜功的皇帝，听信了骗子的话，相信骗子做出的衣服是世界上最漂亮的衣服。骗子对皇帝说，凡是愚蠢的人或者没有眼光的人，都不会看到这件衣服。于是皇帝穿着这件根本不存在的衣服，举行盛大的游行活动，赤身露体，招摇过市。手下的臣子怕皇帝以为他们没有知识，而不敢揭穿真相；老百姓只顾看热闹，没有人揭穿谎言。皇帝就这样走在人群中，还以为自己穿着世界上最漂亮的衣服。后来，一个小孩说出了真话，皇帝为什么不穿衣服啊，人们才议论纷纷。可是，皇帝为了维护自己的威严，摆出骄傲的神态，仍继续把这游行大典举行完毕。

当一个人被谎言所包围，自欺欺人，自以为是，是很可怕的。当一个人带着浑身的缺点，却自以为拥有最漂亮的羽毛时，是多么可笑啊。

自我有个普遍的缺点，总是有意无意拒绝别人的意见，维护着自己的城池。古人说良药苦口利于病，忠言逆耳利于行。

认识自我最大的障碍就是听不进逆耳之言，不是闻过则喜，而是闻过则怒。要知道一千个镜子，总比自己的一面镜子更真实、更全面地反映真实状况。所以，学会并且善于听取诤言、直言、忠言，对于自我评价是十分重要的。同时，这也从侧面反映了一个人的自我修养。

自我是复杂的，需要付出人的一生来认识。即使用尽全部的生命和精力，认识自我，也会留下许多遗憾。

自我与本我之背离

"举心即错，动念即乖"，意思是用心即为错，动念即与本我背离。

分析人生的种种遭遇，发现一个很奇怪的问题，人们明明知道有些事是错的，就是忍不住要做，久而久之，形成了习惯，难以改掉。生活中这样的事情是屡见不鲜的，比如饮食过饱，不仅浪费粮食，而且加重胃和心脏的负担，但是，碰到满桌的山珍海味，食欲大增，饕餮不已。又如明明知道饮酒对身体有害，但是，一看到美酒就没命了，一杯又一杯，喝得飘飘欲仙，头昏脑涨，呕吐不止，浑身难受。因喝酒而出车祸，甚至而丧命的不乏其人。喝酒的人也知道喝酒有害，但是，总是安慰自己，多喝一杯就能丧命吗？何况喝酒的人那么多，不见得没有长寿的。

为什么明明知道是错的，却乐此不疲，还要坚持去做，是一种什么力量主使人呢？是什么力量驱赶着人做与内心相违背的事情呢？为什么人们觉得不应当做，还是去做了？为什么极力忍着不做，最后还是忍不住呢？难道还有一种力量统治着人们吗？

这让我想到了心理学上著名的定律——温水效应。心理学家做过一个实验，把一只青蛙突然丢到煮沸的锅里，青蛙受到烫伤后立即从锅里跳了出来，脱离了生命危险。之后，把青蛙放到温水锅里，青蛙在锅里优哉游哉，来回泅水。接着，实验人员用火慢慢给水加热，青蛙浑然不觉，仍然在锅里享受着难得的温泉浴。随着锅里温度的不断升高，达到沸点，青蛙全身瘫痪，呆呆躺在水里，坐以待毙。

温水效应说明了一个问题，人们在麻木的精神状态下，内心的反应机制变得迟钝，对于周围的变化失去了判断力，于是，因循习惯，听从错误的感觉，不去终止错误的行为，最终为残酷的后果买单。

试想想，许多错误都是明摆着的，却还要去做，还要去犯，而且这种错误不仅不会给人们带来益处，也不会带来快感，带来的只是痛苦，人们却还要去做，不管不顾，难道说每个人心中都住着一个魔鬼吗？

究其根源，就是自我和本我的背离。每个人心里都有两个我，一个是盲目的、感觉的自我，一个是理智的、正确的本我。自我本来应当听从于本我的，但是，由于种种原因，总是偏离本我，背叛本我。当我们做一件事时，本我提出告诫，应当怎么做不应当怎么做；自我不顾告诫，抵抗告诫，按照自己的喜好去做。

　　这样的人是很多的，贪官明明知道不义之财如流水，总有一天会东窗事发，甚至身陷囹圄，可是他还要贪污，贪污的越多越好。甚至贪污成为一种爱好和忍不住的习惯。有的贪官贪污了也不一定挥霍，还是过着艰苦的生活，甚至舍不得买一件名牌衣服。当贪官贪污时，其实也是知道很危险的，身体内部有一个声音在告诫，不要去贪，总有一天会暴露，而另外一个声音又在说，不就这一次吗？就是在这种心理作用下，滑向罪恶的深渊。

　　可以说，凡是贪污案发的贪官，都不是第一次贪污的。他们已经贪污了很多次，只是没有暴露而已。

　　主宰人生的命运，首要的是主宰自己，连自己都主宰不了，何谈主宰命运？要主宰自己，就必须听从内心的召唤，听从本我的指示。什么是本我呢，就是居住在内心的那个正确的我，时刻提醒自己、暗示自己应当怎么做的我。

　　古人云："不以恶小而为之，不以善小而不为。"意思是不要认为是小恶，就放任自己去做；不要认为是小善，而不屑于做。人们的善恶观正是在一点一滴中形成的，习惯也是这样养成的。我们的身体听从于本我的指挥，养成一种良好的行为特质，人们就会在正确的道路上越走越远。听从于不正确的自我的指挥，习惯于跟着感觉，放任贪欲和邪恶的行为，一旦养成了习惯，本我就会受到压制，就会失去对于行为的控制。

作为具有缺点的个体，不仅要认清本我和自我，认清对和错，更重要的是坚持对的，杜绝错的。这恰恰是做人的最关键之处。大道理谁不懂？什么对什么错谁不明白？贪官事发前在主席台上正襟危坐，道貌岸然，谈起廉政建设引经据典，滔滔不绝，台下的听众听得聚精会神，如同洗脑。但是，讲完廉政之后就换了一个人，穿起了禽兽的衣服，露出了禽兽的面目，做出了禽兽不如的事情。贪官的冠冕堂皇的大道理，能够让浪子回头，闻者足戒，可是，却不能让自己回头！天堂之福、地狱之苦，能不明白吗，可是，他就要下地狱，谁能救他？

一个人要每时每刻培养自己的正确的行为，感受本我，感受正道，用理智控制自己。小学生写字时，端正姿势，认真书写，既写得好，又会受到老师表扬，还对身体有好处，也不累，但是许多孩子就是不听话。还有，上网、玩游戏，本来是很累的，游戏的程序又复杂又麻烦，连许多大人都玩不了，可是小孩却无师自通。上网玩游戏，既不会提高学习成绩，老师也不会表扬，带来的后果是家长打骂和惩罚，没有丝毫奖励，学习好不仅可以得到家长的奖赏，还会受到同学们的推崇、老师的表扬，可是一些孩子就是不好好学习，难道说学习还比上网累吗？比玩游戏难吗？我遇到许多家长，对此困惑不解，他们咨询我有什么好的方法，奇怪地发问为什么孩子好的习惯养不成，坏的习惯不用教就自然形成了？原因也许是多方面的，但是主要原因就是在于自我与本我的背离。

芸芸众生，本来具有智慧的根基，明白是非，可是，由于自我与本我的背离，陷入无明的愚昧状态，因境而生幻，幻而生错，缠绵不断，颠倒妄执，环环相扣。受到错误的指引，做错了一件事，又继续做错，由是周而复始，循环不已，因此越走越远。要听从于本我，恢复本我的地位，觉破无明，不要迷己逐物，不要见境生心，只有了解本我，找到本我，发现并彻底认识自己的本来面目。才能找到人生的正路和幸福。

佛教主张见性成佛，认为人人都能成佛。其道理就在于每个人其实都是明白人，每个人都有智慧的根基，关键就在于能不能意识到自己的本性，坚持本我，落实于行动，自然就会到达较高的境界。

自我与自立

人生在世，必须自立。

每个生命都是唯一的，每个人也是唯一的。世界上没有两片相同的树叶，更不会有两个相同的人。我之所以为我，就是因为我的生命、大脑、身体、心灵等都是唯一的，都是为我所有，不属于任何人。

人活在世界上，必须自食其力，自力更生，依靠自己的努力奋斗，过一种高尚而美好的生活。人人都有追求幸福的权力,也有为实现人生目标奋斗的责任和义务。不管我们出生在什么样的家庭,处于如何艰难的环境,都不能有放弃自我奋斗的借口。

2009年9月,13岁的美国独腿少年尼克,克服困难,依靠顽强的毅力,登上了非洲的最高山峰——海拔近六千米的乞力马扎罗山,他是登上该山峰最年轻的残疾人。尼克自幼残疾,没有屈服命运的安排,而是改变自己的人生轨迹,走上了征服命运的道路。乞力马扎罗山,不要说对于一个年仅13岁的残疾少年,就是四肢健全的人都难以攀登,望而却步。可是尼克以很小的年纪、残疾之身,依靠自己的力量,站到了非洲的最高峰。而现实世界中的许多人,一碰到困难就退缩,一遇到考验就屈服,与尼克比起来是多么脆弱。尼克说:"我登上了非洲之巅,不是为了证明什么,只是为了挑战自己,自立自强。"

人一旦精神倒下,即使有健康的体魄,也无法站立起来。但是,残疾人如果敢于迎接命运的挑战,即使身体有缺陷,也能够自立自强,收获成功的花环。如果尼克因为残疾而自怨自艾,怨天尤人,躺在父母的怀里,过一种衣来伸手、饭来张口的生活,那么是不会赢得世人的赞扬的。事实上,许多四肢健全的人,不是在寻找种种借口逃避人生的责任和义务,懒惰成性,得过且过吗?有人说现在是拼爹的时代、拼关系的时代,说明了现在年轻人的依赖性增强,缺乏自我奋斗的精神。

处于婴儿时期和孩童时期,自然需要父母和社会的养育和关爱，但是，随着年龄的增长，在少年时期就应当树立自立的意识。身体的强壮、人格的建立、知识的获取，都要依靠自己完成。学习知识是任何人代替不了的，只有依靠自己勤奋学习，才能取得优异成绩。有的学生不注重学习，抄别人的作业蒙混过关，应付老师，最终应付的是自己。如果任凭这种行为发展，不加引导教育，教育必然是失败的。

自立对于自我塑造具有不可或缺的意义，是自我形成必须具备的条件。人生意味着责任，即对于自己的责任和对于家庭、亲友、社会的责任。这些责任只有在一个人自立的情况下才能够实现。试想，如果一个人连自己都顾不了，无法依靠自食其力生活下去，又如何帮助别人，尽到社会义务？

自立的人，才会有自我。自我是相对的，不是孤立存在的。自我只有在相对于他人、社会的镜像中，才能体现出来。要在他人、社会的镜像中有所映照，就必须彰显其独立性。要获得别人、社会的承认，首要的条件就是自立。如果无法对自己的生命负责，依靠别人和社会生存，又怎么能得到别人和社会的承认呢？自我在形成的过程中，就是自立的过程。个体在成长中，形成人生观和世界观，具有了自我意识、判断和决策能力。自我意识建立后，需要行使和证明自我存在，依靠自己的能力生活，尽到对于社会和家族的责任，付出劳动并做出贡献，从而走向自立的道路。

自立的人，才能体现自我价值。什么叫自我价值？自我价值指的是在个体生活和社会活动中，社会和他人对自我存在的一种肯定结论。自我价值的实现必然要以对社会的贡献为基础。一个人如果无法自立，如何尽到社会的责任，尽到对父母孝敬的义务？何谈自我价值？因此，人活着首先是维持个体生命的存在，而后才能谈到对于社会的贡献。因此，当一个人没有自立，尚且依赖父母和社会生活的时候，是无法体现自我价值的，也不能奢谈自我价值。当某些人无所事事，一无所成，却要别人承认自己的价值，这样的人是违反自我价值的前提的。

个体的自立，与所处的环境、家庭、社会分不开，但这些因素只是提供了一定的条件，并非是决定性因素。有的人不是想办法如何奋斗，达到自立，而是把原因归结为社会关系、权势和财富，甚至羡慕别人的家庭成员。其实，没有对自己的严格要求，即使再有好的社会背景和家庭背景，终究也是无益的。

三国时东吴的大将周瑜，足智多谋，英勇善战，青年时期跟随孙策打仗，平定江东；三十多岁被孙权任命为左都督，统兵数万。尤其是与刘备联合抗击曹军，在赤壁之战中大获全胜，改变了东汉末年的天下格局。刘备评价周瑜道："文武筹略，万人之英，顾其器量广大。"宋代词人苏轼作词道："大江东去，浪淘尽，千古风流人物。故垒西边，人道是，三国周郎赤壁。乱石穿空，惊涛拍岸，卷起千堆雪。江山如画，一时多少豪杰。遥想公瑾当年，小乔初嫁了，雄姿英发，羽扇纶巾。谈笑间，樯橹灰飞烟灭。故国神游，多情应笑我，早生华发。人间如梦，一尊还酹江月。"对于周瑜的溢美之词见于字里行间。周瑜的儿子周胤，依靠周瑜的功绩，被孙权授予都尉，将皇室宗室之女许配为妻，并且授兵千人，屯驻公安，封他为都乡侯。但是，由于周胤纵情声色，荒于政事，以至于奸人妻女，后来被孙权免官为民，流放到庐陵郡。东吴大臣诸葛瑾、步骘等联名上疏求情，请求赦免其罪，孙权勉强答应。可是赦令未到，周胤已经病死在庐陵。周瑜为东吴立下开国之功勋，其儿子却犯罪被流放，可见，人若不自立，即使有再大的后台也是不行的。真难怪有人惋惜道：虎父何以有此犬子！

精神自立是物质生活自立的基础。物质生活的自立，是建立在精神生活的自立基础之上的。一个人即使如何能干，拥有过人技能，但是，缺失精神的自立，终将会沦为别人的工具。伴随着自我的失去，连同他的人格、尊严、自我价值也都失去了。所以在人生的成长过程中，必须重视对于精神的培养和知识的教育。正如陈寅恪1929年在王国维纪念碑铭中首先提出的"独立之精神，自由之思想"，只有同时具备了精神和物质的自立，才能够谈得上真正意义上的自立。这种见解已经成为今天的人们共同追求的学术精神与价值取向，也是现代中国人的人生理想。

由此判断，当一个人必须同时具有精神自立和物质生活自立的条件下，才可以说自立了。由此推之，当一个人物质上很富有，并不一定能够自立，如果精神残疾的话，反而会招灾。当我们看到那些翻手为云、覆手为雨的权贵，在一定阶段趾高气扬，为所欲为，仿佛能够左右了别人的命运，可是，由于驾驭不了自己的欲望，没有正确的精神世界，做尽坏事时，不仅连自己的自由无法保障，附带还使自己的家族和亲友遭受打击，这样的人能说是"自立"吗？

人生在世，要认识自我，完善自我，用知识和能力武装自己，做到自尊、自信、自立、自强，实现自己的人生价值，谱写美好的人生篇章，为社会进步做出应有的贡献。

第三章 | 情绪效应

情绪是个体生命存在的特征,是影响生命的心理因素和生理因素。情绪还是一种潜在的能量。

情绪

只要生命存在，情绪就存在。

人们总是处于一定的情绪之中，受到情绪的影响。或者快乐或者痛苦、或者平静或者焦虑、或者轻松或者抑郁，如此等等。

自我意识、自我感觉是和情绪分不开的。情绪是自我存在、意识、状态的综合反映。自我处于情绪之中，并且做出对于自我存在、自我状态、自我情感的判断。

情绪时刻伴随着人们的生活，这个自有人类以来就与人生息息相关的载体，与人不离不弃，存在于人们的心理活动、精神活动、言行举止之间，对人们的工作和生活造成了巨大的影响，关系到人们生活的质量，决定着幸福指数。

情绪是个体对于外界刺激的心理感受和生理反应，对于人们的精神状态有着重要的影响。

人们时常处于一定的情绪波动中，接受情绪的潜在的引导和作用，表现为某种心态和行为。情绪好时的，表现为一种积极的人生态度，不好时对什么都提不起劲来，消极地对待生活。好的情绪，反映到人们的大脑中，对于所闻所见是珍惜和爱戴的，差的情绪则使人们对于环境罩上一种灰色的眼光，是消极的否定的态度。

情绪对于人的身体和精神作用是全方位的。大脑由于外界刺激产生一定的反应，做出了自我对于反应物的价值判断，具有了一定的心理感受和生理反应，这种状态通过脑神经传遍全身，使身体处于心理和生理电磁波作用之下，对于二者产生了定位和影响，在一定时间里影响着自我的身体状态和精神状态。

在这个世界上，每个人都承受着情绪带来的种种心理感受和精神状态，承受着情绪对于身体健康的直接影响，承受着情绪对于幸福的左右摆布。人们的精神压力、亚健康状态、心理素质和情绪相关，人们的快乐、幸福、平静和情绪相关，人们的愤怒、生气、痛苦、沮丧、抑郁也和情绪相关，可以说自我的一切精神活动和心理活动都和情绪有着密切的关系。它是一个隐形的灵魂、是一个看不见的手、是居住在人们身体里的神灵，如此地左右着人们的生活，影响着人们的状态。

无论个体的知识多寡、能力强弱、情感如何，在情绪的影射之下，都会发生变化。情绪如此影响了生活和工作，决定着人们情感的状态，影响了人们的能力发挥。当世界排名第一的乒乓国手王皓，在雅典奥运会上乒乓球决赛中负于明显实力不如他的韩国选手柳成敏,使中国队因此错失了连续三届奥运会包揽金牌的机会,多少球迷都惋惜不已,王皓心里自然更加难受,这种失败带来的精神的打击是难以形容的。

显然,王皓的失败最主要的原因是临场经验不足,情绪调节不好。主教练刘国梁总结此次比赛时说:"男单金牌是乒乓球项目中分量最重的金牌,只要没拿到这块金牌,就不能说中国乒乓球队是成功的一支队伍。具体到王皓的这场比赛,我认为年轻人第一次参加奥运会,又到了这么紧张的时刻,压力太大导致了输球。在这点上,韩国选手值得我们好好学习,我们也要回去认真总结。"对于失败,王皓无比自责:"我对不起蔡指导和刘指导,我对不起乒乓球队的其他队友,对不起电视机前成千上万的观众,对不起所有关心乒乓球的人,我让你们失望了。但是我想我还有机会,我要在四年之后的北京弥补我今天的失误,决不会再说对不起,我有信心能够做到。"在这里,刘国梁把王皓的失败归结于压力太大,意在说明在精神压力之下,没有控制力,影响了临场的情绪,导致了输球的结局。由此可见,赛场上运动员的情绪,对于水平的发挥是多么重要。

世界上无数的人承受着情绪的影响,在各种各样的情绪中生活,忍受着情绪对于心理和生理的种种摆布,接受着情绪带来的对于命运的改变。情绪总是无孔不入地进入人们的精神状态,操纵着人们的心理感受,影响着人们的心情,决定着人们对于幸福的命名。

情绪对于人们幸福程度的影响,超越于物质的力量。当乞丐在梦中成为亿万富翁时，是多么高兴啊，即使醒来后一贫如洗，回味梦中的荣华富贵，还沉浸在快乐的情绪中。可是，亿万富翁并不见得幸福美满。因为，亿万富翁拥有了在普通人终生不可企及的财富后，他的价值观已经不是以财富多少而论了，而是转向人生的其他方面。他的欲望更多、更强烈，因财富而膨胀的自我更加不容易满足，加上受到社会、伦理、法律的约束，所以他们并不一定就是幸福的，情绪并不见得比普通人好。富豪之家的财产争执、伦理错位、商业烦恼、情感破裂等等，带来的精神压力更大，对人的折磨也更深。

当多年不见的朋友，如今事业有成，身居高位，出入有车，拥有别墅时，这是一种怎样的成功，作为朋友，你为他高兴。因为你们曾经在一起奋斗，因为当年你们是那么落魄。久别重逢，一群从前的朋友兴奋异常，推杯把盏，美酒美食，一派其乐融融的祥和气氛。可是，在座的人当中，有一个人情绪并不见得好，甚至痛苦，那就是事业有成的那个人，为什么呢？答案是显而易见的，此一时也，彼一时也。他站在更高的人生平台上，换一种目光，看到的是山外有山，人外有人，看到的是有人比他更成功。他想的是别人比他强，如何在竞争激烈的社会中改变自己的现有的处境和地位，所以他是焦虑的，情绪不见得好。

人的情绪，就是如此的复杂多变啊。

情绪与身心

有人说,不管穷富,人就是活个好心情。这句话说得太好了。试想,人们每天忙忙碌碌,为财富和荣誉奔忙,为的什么?还不是心情快乐。而一个人即使拥有黄金万两,广厦千间,如果不快乐的话,能说幸福?

恶劣的情绪对于人们的身心有害。美国心理学家爱尔马曾经做过一个实验。他在一个杯子中放入接近零度的冰水,当人们心情愉快时,对着冰水呼气,气体融入冰水之后是清澈透明的,没有沉淀。当人们悲伤时对着冰水呼气,冰水则变得浑浊,并有沉淀物。将生气后形成的冰水通过针管注入小白鼠的身体,几分钟之后小白鼠就丧命了。由此可见,恶劣的情绪对于身体的伤害之大。

不良情绪对于身心的危害有几方面:一是伤害大脑。情绪不好,导致血压升高,对于大脑危害极大,时间长了有可能患脑梗和脑溢血。二是伤害心脏。心跳加速,心脏负担加重,容易出现心肌梗死。三是伤害皮肤。情绪不好,心情不佳,使人气色变差,面部失去健康的颜色,面如灰土,增加皱纹。四是影响肠胃功能。有的人由于长时间情绪不好,破坏了消化功能,食不下咽,没有食欲,因而肚子疼、胃疼,久而久之,就生病了。

好情绪是最好的补药。屠格涅夫说:"乐观是养生的唯一秘诀,常常忧愁和愤怒,足以使健康的身体变成衰弱。"人常说,三分治病,七分养病。情绪对于一个人的健康的影响太大了。生活中有这样一部分人,身体不佳,经常吃虫草、人参等名贵的补药,可是,恰恰是这种人,总是一副病怏怏的样子。情绪不好,再吃什么灵丹妙药也无济于事。不良的情绪,对于人们的健康是潜移默化的,无异于慢性自杀。绝大部分病其实都是"心病",是长时间的心情不好导致的。观察大自然,鸟语花香,莺歌燕舞,令人心旷神怡。鸟儿的无心,带来的是无忧无虑的快乐,不管天晴天阴,雨雪风霜,鸟儿总是唱着歌,它们不像人那样有那么多的心思,有那么多的说不出来的情绪。我想鸟儿是不会患神经病的、不会愁死的。人类之所以有那么多说不出来的病症,其实与情绪有关,都是情绪惹的祸。

亚健康是现代人的顽疾。亚健康是一种健康的临界状态,表现为身体多处不适现象。处于亚健康状态的人,也许暂时没有什么疾病,但是如果发展下去会导致许多疾病。亚健康所表现的症状有头痛头晕、腰酸背疼、四肢无力、反应迟钝、心烦意乱、容易动怒等,对于人们的健康有着重要的影响。亚健康是怎么造成的?除过环境、饮食等因素之外,就是不良情绪对于人们的影响。据调查,亚健康人群主要是都市工作的人群,他们工作压力大,生活负担重,面对复杂的社会和艰巨的工作,承受了过多的精神压力,因而造成了恶劣的情绪,这种情绪不断累积,造成了亚健康的现象。

回望古代田园诗人陶渊明，不为五斗米折腰，甘愿过一种远离喧嚣的田园生活。虽然生活艰苦，即使赊酒来喝，但是不改其乐。其《饮酒》诗道：

结庐在人境，而无车马喧。
问君何能尔？心远地自偏。
采菊东篱下，悠然见南山。
山气日夕佳，飞鸟相与还。
此中有真意，欲辨已忘言。

抛却了七品芝麻官的缧绁之后，他是多么自在，优哉游哉，享受着自然的美景和人生的境界。而大多数人造成情绪不佳的原因，无非是个谋生的工作而已，和天下无关，和事业无关，却萦绕于心，放不下，吃不下，睡不着，又是何苦呢？

工作压力导致了精神压力，精神压力引起了情绪不佳，情绪不佳造成了身体的亚健康症状。对于亚健康起决定作用的还是情绪问题，良好的情绪可以缓解精神压力。在现在竞争激烈的社会，干不完的工作、领导的催促、别人的议论、复杂的人际关系，谁的工作没有压力？没有压力又如何能够干出成绩？但是，不要把工作的压力转为心理负担，越是面临艰难的工作，越要有一个好的情绪，不要把工作带回家，不要把工作压在心上，而是要干好工作。这种压力其实是无形的，你一想千难万难，你不想它就起不了什么作用了。压力的外因是客观原因，内因是主观因素，外因通过内因而起作用。天大的压力，你不想它就不存在了；天大的事情，你不管它能把你怎么样呢？天塌下来有高个子顶着，与我何关！可是，有的人不是这么想的，谨小慎微，绿豆大的事情，也能看得比西瓜大，自己压迫自己，导致了糟糕的心理和情绪。

情绪与精神状态有关。俗话说，人逢喜事精神爽。人们遇到高兴的事情，喜形于色，眉飞色舞，整个人都换了个样子。精神状态好的人，昂首阔步，器宇轩昂，举止有度，给人的是阳光正面的形象。精神状态不好的人唉声叹气，弓腰驼背，面色死灰，没有活力，和这种人在一起，感到压抑，没有快乐。看一个人精神状态的好坏，从他的举止、气质、表情就可以看出来。情绪不好影响了表情。有的人愁眉苦脸，反应迟钝，面色必然差，失去青春的红润，缺乏做事的热情，给人的第一印象就不好。带着这种情绪去找工作面试，必然过不了关；带着这种情绪干工作，必然没有起色。军队重士气，一鼓作气，气势如虎，是胜利的保障。做人重情绪，神清气爽，气质阳光，声音洪亮，做事利索，是做人的起码要求。古代有相面的职业，同样一个人，情绪的好坏，从面部表情上反映出来，决定了一个人当下的命运。所谓印堂发亮，面色黑紫，虽然说的是人们的面部表情，相学家则看出了一个人的运气。

情绪和机会有关。机会是没有准备的，不会和你商量好再来。人应当是有准备的，每一天都是新的一天，都是命运在向我们召唤。当你带着好的情绪、气质、表情工作时，或许某个机会就等着你，或许某个贵人相中你，或许新的岗位等着你，而不良的情绪将使机会与你擦肩而过，悔之莫及。领导是不会把重担交给一个每天愁眉苦脸的人的，是不会信任一个处在悲观情绪中的人的。人们对你的印象，如果是死气沉沉、没有活力、无所作为、没有闯劲，那么你就会被人们格式化，就会被放在相应的位置上。如果对你的印象是朝气蓬勃，敢闯敢干，才能出众，积极向上，那么你的机会将要大得多。

情绪是人的名片。一个人的情绪怎么样，心态怎么样，都是通过气质和表情反映出来的。关键是你的情绪给人怎样的信息。小李是北京名牌大学毕业，学习成绩优秀，弹得一手好吉他，在学校时表现不错。毕业后应聘到一家保险公司上班，公司里全是清一色的年轻人，绩效考核严格，竞争激烈。不管来自名牌大学，还是名不见经传的学校，在这里一律是平等的，衡量一个人工作能力的唯一条件就是推销业绩。小李刚到这个城市，人生地不熟，没有什么客户，压力骤然而来，情绪失落。他工作没精神，走路低着头，有时坐在办公室几个小时不说话，好像在沉思。在别人的眼里看来，一副神经兮兮的样子。工作好坏暂且放下，有人给他介绍对象，对象一看他那个样子就走了。经理看到小李的样子，也害怕出问题，找了个理由把小李辞退了。

人们的面部表情、神态气质、言谈举止，传达着不同的信息。众人心里有杆秤，口碑影响人生，会推动着你的事业走向前进，也会无意间影响了你的事业和前途。悠悠之口，难于堵塞。

情绪的连锁反应

人作为有感情有思想的动物，不是这样的情绪，就是那样的情绪。有的人修身养性，一心求道，达到了一定的层次，所谓看破红尘，心如古井，好像没有什么情绪，其实心如古井本身就是一种情绪的表现，反映了此时此地的心情。人吃五谷杂粮，有七情六欲，每天要接触世界，遇到许多事情，难免要有情绪，对于不同的人来说，情绪是不一样的。同样的事情，有的人暴跳如雷，有的人也许一笑置之，不屑一顾。

情绪反映了人们的情感波动，情绪接于物，发于心，表于情。人的情绪怎么样，总会从表情上显露出来的，表现为人们的言谈举止，影响到周围的气场，形成带有情绪特征的氛围。汉·刘向《说苑·贵德》载："今有满堂饮酒者，有一人独索然向隅而泣，则一堂之人皆不乐矣。"别人都高高兴兴地喝酒，就他一个人对着墙角哭泣，影响了人们的情绪。我有个同学叫王国涛，升任副厅长，请几个同学聚会，同时叫来厅里的两三个处长陪酒。同学们在一起说说笑笑，好不热闹。酒至半酣，有个同学赵海突然走到王国涛面前，一手端着酒，大声说道："你不就是个厅长吗？有什么了不起！想当年你在学校考试不及格，和我差远了！"接着，一把抓住王国涛的衣领，道："喝了这杯酒！"赵海借着酒劲，骂骂咧咧，当着王国涛部下的面，说起他的许多隐私，把王国涛气得脸色发紫，又不便发作。当时，场面紧张，人们只怕两人打起架来。每个人都沉默着，草草吃完饭离开了。

不良的情绪是令人扫兴的，破坏了欢乐的气氛。一个人无论如何不要让别人不高兴，你让人不高兴，换来的不仅仅是别人的不快，还会带来不利的后果。赵海是同学中混得最差的一个，多少年了，一没有事业，二在单位还是个普通的干事，难免他的情绪过激。我想，王国涛是不会再请赵海吃饭了，假如赵海想找身为厅长的王国涛帮忙，估计也不可能了。一时的情绪的发泄，不仅失去了朋友，也失去了机会。

情绪具有传染性，如同病菌一样传播，破坏了气场。有的人时常板着个脸，脸拉得有二尺长，好像别人欠了他多少钱似的。有个单位，领导不知道天生的不会笑，还是什么原因，任何时候都拉着个脸。你若和他打个照面，与他打招呼，他哼一下，好像没有看见你。你不打招呼，又怕他怪罪。他不在的时候，办公室有说有笑，气氛欢乐。他一来，突然空气紧张，同事们都噤若寒蝉，一声不吭。他简直就是个瘟神，人们躲之唯恐不及。

一人不高兴，大家都不开心，单位的气氛就很紧张。在这样的环境工作，长时间情绪受到压抑，对健康也是不利的。与这样的人在一起工作，毫无乐趣可言。每个人都巴不得他早点离开，到外边出差不会来，或者是赶紧调走，省得大家烦心。

心理学上有个定律叫踢猫效应。某公司董事长为了提高公司经营效益，每天上班坚持早出晚归。一天早晨，他看报入迷忘记了时间。为了尽早赶到单位，在公路上超速驾驶，被警察发现，开了罚单，到单位时已经晚了。董事长情绪不好，郁闷之极，把部门经理叫到办公室训斥一番。部门经理挨训后很生气，又把秘书叫到办公室，没事找事，横加训斥。秘书无缘无故被斥责，又不敢顶嘴，有气无处撒，就把办事员叫来批评了一通。这个办事员很恼火，憋着一肚子气回到家，看到儿子后大发雷霆。儿子莫名其妙，心里很不舒服，正好看到家里的锚叫了一声，就踢了一脚锚。猫被踢后跑到大街上，正好来了一辆汽车，司机为了躲避猫，不料把一个老太太给撞倒了，出了车祸。

踢猫效应说明了情绪传染的现象。本来是很小的一件事情，引起了严重的后果。不良的情绪如果不加控制，任由传染开来，就会引起情绪的连锁效应。尤其是生活节奏越来越紧张的今天，每个人都很浮躁，容易发火，稍不注意，就悔之晚矣。

这是一个真实的故事。某警察开车带上全家人到外地旅游。正值上下班高峰期，堵车严重。警察看到绿灯亮了，前边的车还不行驶，心理烦躁，连连鸣笛催促。前边的司机火气也大，听到鸣笛声很生气，停下车来大声争吵。这个司机与外地的警察越吵火气越大，还不解气，记住了车号，就找了几个地痞在大庭广众之下暴打警察。警察被打后倒在地上，浑身流血，不治身亡。这件事轰动了社会，后来几个凶手被判死刑或有期徒刑。法庭上警察的家人哭天抢地，悲伤过度，当场晕倒。

不经意的一个动作，一个小小的鸣笛声，使得一个警察失去了年轻的生命，引起了多个家庭的悲剧。情绪的连锁反应，使得小事变大事，演变成人命关天的刑事案件。两个素不认识的人，往日无仇，近日无冤，结果却是兵戎相见，怒从心头起，恶向胆边生。如果早知是这样的结局，双方断然不会这么做的。小小的情绪，一旦蔓延开来，不断升温，发生裂变，导致了悲摧的结局。

有一个高中生早恋，家长知道后非常生气，正值高三的重要阶段，百般劝阻无效，只好把孩子反锁到家里，禁止与恋人接触。孩子怎么抵抗都无效，于是趁家长不注意，在月黑风高的一天晚上，从四楼的窗户上爬出去，顺着管道下了楼，与恋人见面，一起来到火车站附近的一家小旅馆，互诉衷肠。家长发现孩子不见了，就四处寻找，没有找到。过了一天，发现孩子和恋人一起服毒自杀在小旅馆里。双方家长见此情形，哭得死去活来，痛不欲生，本来禁止孩子早恋，是希望孩子成才，为了孩子的将来考虑，岂料孩子却殉情自杀。早知今日，何必当初！

一人不高兴，会引起全家不高兴；一人抑郁，全家也抑郁；一人生气，全家都憋气。

连锁反应的极端表现是情绪化。情绪叠加到一定程度，就会形成情绪化。所谓情绪化，就是人们情绪波动，过于敏感，失去了正常的判断力，以情绪为出发点对待世界。这是情绪长时间压抑、反复波动形成的，是情绪的不正常反应。

情绪化极易使人形成偏见，对人不对事。对某个人存在情绪化反应，就会全盘否定这个人，凡是他说的、做的都看不惯，哪怕是好心好意也不领情。情绪化使人精神处于紧张状态，心情糟糕，对于外界保持警惕性，好像每个人都和他过不去，时时与他作对。此时，戴上有色眼镜看待人世，蒙蔽了心灵，往往做出的判断都是错误的或者是有偏差的。

陷入情绪化的人，性格不稳定，极易冲动。情绪经过不断积淀，如果不适时疏导，就会像滚雪球一般越滚越大，最后不堪重负，终于爆发。情绪化容易使人失去了起码的判断力，缺乏理智，一味按照情绪发作，如脱缰的野马不受控制，不为后果负责。一旦情绪发泄完了，像泄气的皮球一样，也就蔫了。当明白了真相，却已经做出了后悔莫及的事情。事后反思，为什么如此冲动？为什么那么糊涂？原因就是情绪化造成的。

人生许多后悔莫及的事情，许多令亲者痛、仇者快的事情，许多百身莫赎的事情，还不是情绪化所造成的？

情绪化还有一种则是走极端，反应迟钝，看破红尘。比如评职称、晋职等等，一旦失利，则对前途失去了信心，对什么都不在意，也不追求上进，别人如何劝导都想不开，放弃了对于理想的追求。甚至有人因为积累的情绪无法疏导，想不开而寻短见，或者变得神经了。

《儒林外史》中有个范进中举的故事，描写范进多年科举，终于中了举人后的情景："范进不看便罢，看了一遍，又念一遍，自己把两手拍了一下，笑了一声，道：'噫！好了！我中了！'说着，往后一跤跌倒，牙关咬紧，不省人事。老太太慌了，慌将几口开水灌了进来。他爬将起来，又拍着手大笑道：'噫！好！我中了！'笑着，不由分说，就往门外飞跑，把报录人和邻居都吓了一跳。"努力多年，金榜题名，却是这种神态！

范进多次参加科举考试，总是名落孙山，一旦中了举人，多年的压抑、伤感、喜悦一起涌上心头，于是喜极而疯。以前对他横眉冷眼的丈人胡屠户、笑话他的街坊邻居、高高在上地当过知县的乡绅，全都到家里祝贺，世态炎凉，人情冷暖，使范进的情绪波动。吴敬梓对于范进中举后的反常现象，刻画得入木三分，令人叫绝。从一个侧面也反映了长期压抑的情绪一旦爆发出来所带来的后果。

情绪化的人往往容易走极端，情绪好起来眉飞色舞，得意忘形，不如愿则垂头丧气，意志消沉，陷入悲观绝望的情绪。因而不能正视现实，根据实际情况，实事求是，理智地处理问题，而是依靠个人的情绪、激情、喜好，做出错误的决断。世界是复杂的，客观事实具有多样性，无论是为人处世，还是个人情感，不能过于情绪化，才能避免不必要的恶果。

积极观念

什么样的人，就有什么样的情绪。情绪的表现因人而异。

情绪是自我的一种心理状态，这种心理活动刺激大脑，通过神经系统对于身心产生影响，波及人们的行为。好的情绪能够焕发无穷的精神力量，调节身体的各个系统，投身于工作和事业当中。恶劣的情绪产生一种生理毒素，阻止人们的积极向上的生活，对身心有着极大的伤害。

情绪产生后，随着情绪的蔓延，沿着既定的轨道运行，具有强烈的惯性。如果不加适当地调节，就会难以控制。人应当是自己的主人，但是，在激烈的情绪面前，竟然难以控制自己，好像有另外一种异己的力量，主宰了人们的行为，难道是魔鬼吗？答案当然是否定的。但是，为什么有的人情绪极端时言行不正常，仿佛中了邪，如恶魔附体？

原因就在于情绪的不断叠加，积累了过多的能量，需要发泄。

情绪的产生，全在于我们对于事物的认识。如果说幸福是一种感觉的话，情绪也是一种感觉。从情绪的源头来说，积极的人生态度，对于情绪具有决定性的作用。

有个故事，一个老太太有两个女儿做生意，大女儿是卖扇子的，小女儿是卖雨伞的。天晴时，老太太但怕雨伞卖不出去，为小女儿担忧，怕小女儿赔钱；天阴时，老太太担心扇子卖不出去，又为大女儿操心。就这样，老太太每天都在担忧中过日子，没有一天是开心的。邻居问老太太为何这么忧愁，老太太说了自己的两个女儿的生意情况。邻居听后说："老太太，你真有福气。天晴时，你的大女儿生意很好；天阴时，你的小女儿生意兴隆。"老太太听了，确实是这么回事，从此无论晴天阴天都高高兴兴的，没有不开心的时候。

同样一件事情，换一种眼光，从不同的角度来看，得出了不同的结论，导致了截然相反的情绪。引起情绪的原因是多方面的，关键在于我们如何看待。

美国心理学家埃利斯建立了情绪 ABC 理论。埃利斯认为，

A 表示诱发事件，是诱发情绪的原因，B 表示个体对于诱发事件所产生的观念和认识，C 表示诱发事件在个体认识和观念主导下所产生的情绪。从这里可以看出，A 不是指向 C，而是指向 B，B 指向 C。也就是说，决定情绪 C 的不是 A，而是 B，同样的原因可以导致不同的结果。这就说明，人们的不良情绪，不是由某一事件直接引起的，而是由于人们对于该事件的认识和评价产生的。

这就可以解释不良情绪产生的根本原因了。这是由于人们的不同的价值观，形成了观念，制造了不良的情绪。某件事情并非必然地对应某种情绪，情绪好坏全在于人们一念之间。观点不一样，结论就不一样，情绪就不一样。错误的思维观念总是直线型的，一条竹竿捅到底，见了城墙不拐弯，必然会碰壁。正是由于不合理的认识，才使人们情绪恶劣，引起了身心的不良反应，剥夺了生活的欢乐。

一念天堂，一念地狱。不同的观念，不同的看法，导致了差异的情绪。我们一定要树立正确的人生观和价值观，从长远的观点看问题，从发展变化的思路理解人生，开阔我们的心胸，保持良好的情绪，积累正力量。我有一个朋友在某单位担任中层干部，论业务能力、社会影响，在单位无人能比。在竞聘中，竟然意外落选了。别人为他惋惜，他也有点失落，可是事情过去就过去了，他没有怎么放在心上，该上班就上班，照样高高兴兴的，没有一般人竞聘失败后的那种悲观情绪。他说："一次失败算什么，只要努力，以后多的是机会。"转眼一年多过去了，突然单位的人们议论纷纷，说这个朋友要调走了。调到哪个单位？更好的单位。人们羡慕者有之，嫉妒者有之，夸奖者有之。天无绝人之路，一个单位怎么能把一个人困住？此处不留爷，自有留爷处，处处不留爷，爷自成一处。同样在单位竞聘落选，另外一个同事却认为机会没有了，这一生完了，对于前途充满失望情绪，意志消沉，借酒消愁，几年后不仅没有升职，而且工作没有起色，连新来的职工都看不起他。

不同的观念，不同的情绪，带来不同的人生。好男儿志在四方，胸怀天下。我发现，少年时代敢想敢干，壮志凌云，失败挫折根本不以为意。到了社会上之后，人们太实际了，看重得失，重视物质，失去了少年时代的雄心壮志，计较的都是鸡毛蒜皮的小事情。古人道，计利当计天下利，成名当成万古名，对待人生得失，我们要从长远看，而不是仅仅只看眼前。

积极的情绪，来源于积极的人生观和远大的理想。伟大的理想和信念，足以战胜人生的坎坷，消弭小小的挫折。我一个朋友离开原单位后不久，单位集资盖房，痛失一套房子。有人对他说："你调离工作后失去一套房子，不后悔吗？"朋友斩钉截铁地回答："皇帝可以丢掉江山，我失去一套房子算什么？"闻者愕然，我的朋友说话时满怀信心，目光深邃，好像不久后就可以拥有天下似的。

干大事业者不拘小节，不在乎小的挫折，不会为一些小事影响自己的前程。所以这些人是不会发愁的，因为他们担负的责任更大，走的路更远，任何时候哪怕是在最艰难的时候，都可以保持一种积极向上的情绪。这种情绪是一种人生的正力量，能够改变一切，征服困难。

表现原理

情绪对于人们的事业、生活和工作起着重要的作用，每个人都不希望生活在痛苦中，希望快乐地度过每一天。人们的节日祝福用的频率最高的是快乐、幸福、健康、如意，不是痛苦、忧愁、烦恼、郁闷，可见，人人都对于情绪的正力量充满着渴求。然而，不良的情绪还是会进入人们的生活，影响事业和工作。

情绪是如何产生的，又是如何持续的？到底是快乐的事情使人们产生良性情绪，还是快乐的行为使人们拥有良性情绪？通常的看法是，人们快乐，是因为发生了令人快乐的事情；人们不快乐，是因为发生了不快乐的事情。心理学家研究恐惧症患者的行为，发现并非恐惧现象让患者神色可怖，而是患者由于神色可怖，让他变得恐惧。

古代有个笑话，有一块墓地，古木参天，阴森恐怖，人们经过时都极度害怕。几个秀才打赌，谁晚上敢去墓地转一圈，以掰断墓地的树枝为证，大家凑份子请他到城里最好的饭店悦来客栈吃饭，无人响应。一个胆大的秀才愿意打赌。到了晚上，这个秀才大摇大摆地走向墓地。这时，阴风萧瑟，树木摇动，好像有人在走动，秀才不禁害怕起来。他一步高一步低往前走，慌慌张张地来到墓地，走到一棵松树旁，伸手用力掰断一根松枝，就往回跑。可是，这个时候怎么也跑不动，慌乱中感觉有人拽住衣裳不让走。他吓得魂飞魄散，腿都软了，用尽全力挣脱后跑回家。回家后秀才就病倒了，胡话连篇，魂不守舍，说看到鬼了，请大夫看病也不奏效。人们说哪来的鬼呢，他说得有鼻子有眼。大家不信，只好跟着他去墓地看。到了墓地一看，一段布条在松枝间挂着，原来由于秀才又害怕又慌张，离开时不小心把衣服挂在松枝上了。秀才明白了原因，病立刻好了。

通过这个故事看到，并非鬼让秀才害怕，而是秀才一系列恐惧的行为，使自己失魂落魄，越慌张越害怕，越害怕越慌张。当明白了真相后，恐惧感就消失了。他害怕的原因，就是他的行为，行为产生了感觉，感觉又变为幻觉。俗话说，疑心生暗鬼，自己吓自己。事实上，谁能左右自己的情绪，还不是我们的言行举止，还不是我们自己？别人也许可以打倒我们，可是，只有自己才能使自己真正站立起来。真正的强者是任何力量都打不倒的。这种力量就是情绪的正力量。

英国心理学家怀斯曼提出表现原理，即行为带来情绪的产生，人们通过对某种情绪的表现而得到相应的情绪感受，获得情绪的正能量。许多情况下，并非人们高兴而后才微笑，而是微笑才高兴；不是拥有财富而幸福，而是感到幸福才拥有财富；不是成功而快乐，而是快乐才成功；不是拥有了成功才有掌声，而是相信成功才有了掌声。你想拥有一种品质，那你就表现得像已经拥有了这个品质一样，就会拥有这种品质。

如果你想成为某种人，那么你现在就做某种人。哈佛大学心理学教授罗森塔尔做过一个有名的试验。1968年他来到一所学校，声称要对学生进行"未来发展趋势测验"。他选取了数十个学生，做了有关学习成绩和思维能力的测验后，交给老师一份名单，说这些学生最有发展前途，并叮嘱学校一定要保密。过了一段时间后，罗森塔尔教授又来到了这所学校，了解这些学生的学习成绩，让他大为惊讶的是，名单里的学生在班里学习成绩都比较优异，进步很大。他们学习用功，积极努力，自信乐观，遵守纪律。老师深为罗森塔尔的眼光所折服，这时，罗森塔尔教授说了实话，这些学生只不过是随机选取的，没有什么标准。

那么，为什么随机选取的学生表现得那么优异呢？原因就是罗森塔尔对于老师起了暗示的作用，正是老师把这些学生看做最有发展前途的学生，无形中按照优秀学生的标准要求这些学生的言行，包含着对于他们的欣赏和期许。这些学生感受到老师的关注和期待，于是自然就变得优秀了。

高涨的情绪是由人们的行为决定的。亚洲销售女神徐鹤宁出生在平凡的家庭。2002年徐鹤宁带上2000元来到深圳创业，加入亚洲一家训练机构。当时，她租房住，生活十分艰苦。她制定了一个计划，发誓在半年内一定要成为培训机构最优秀的推销员，在广州买上房子，开上宝马车。她把自己的目标写出来，贴到出租房内，每天都要读几遍。在常人看来，几乎是一无所有的徐鹤宁，在半年内要买房买车，没有几百万元行吗？

这不是异想天开，痴人说梦吗？

可是，徐鹤宁不这么看，她相信自己能成功，她按照自己设计的目标行动，销售、演讲、做事，她是那么努力，几近于疯狂地工作。半年之后，徐鹤宁在广州买上了200多平方米的房子，开上了宝马车，这一年她仅23岁。她连续3年每个月销售量都是第一名，24岁打破销售记录，单场演讲成交了104个顾客。25岁时带领优秀的团队，打破了世界第一名的销售记录。徐鹤宁说："一定要做'梦想板'，把梦想板贴在你能看到的地方，敢于当众承诺。成功的第一步：就是天天看'梦想板'，让成功的梦想视觉化，反复加深印象，让你感到你就是你梦想中的那个成功者。"

你感觉到你是什么人，你就是什么人。单位举办演讲比赛，李平虽然演讲稿写得很好，但是怯场，训练时语无伦次，口不择言。培训老师告给李平说："你演讲时不要管别人怎么看，把自己当做世界上最著名的演讲家，你就是拿破仑、丘吉尔，下边的听众都是你的崇拜者，都在全神贯注地听你演讲。"这一招还很有效果，临比赛的那一天，李平出场了，昂首阔步走上讲台，环视一周，开始演讲。他吐字清晰，配合着手势，演讲很有条理，完全不是以前登台时慌张的样子，倒真还有点拿破仑、丘吉尔的风度。他的演讲成功了，赢得评委的好评。

行为决定情绪，感觉支配情绪。某单位有个领导秘书冯柯由于不慎，将材料的调研数据写错了，领导很是生气，当众批评他粗心大意，并把他调离秘书岗位。冯柯压力很大，感觉在单位抬不起头来，同事看他的眼神都变了，别人一说话就好像在议论他。他逢人说自己是无心之错,感到处分太重,心里不接受。本来领导也只是暂时给他换个岗位,让他熟悉别的部门的工作。可是,冯柯感到前途无望,情绪低沉,每天无精打采,像个"怨妇"。领导看到冯柯的这种心态,认为连这点小小的挫折都接受不了,怎么能胜任工作,就把他弃之不用了。就这样,冯柯担心自己的前途,担心不被重用,一切都按照他的所想所为来了。

其实,批评一下算什么,就等于吃补药罢了。冯柯的同事议论他,只是一种感觉而已。每个人都很忙,谁会真正关心别人的荣辱呢?别人只是你身边的过客而已,即使议论你,说说也就忘记了。可是,你却念念不忘,把事情只往坏的地方想,结果就真的出现了不愿意看到的结果。

人生重要的就是心态和行为,即使你求别人帮忙,也要做出好像别人求你帮忙一样。积极的行为举止,传播到身边的每个角落,影响与你接触的每个人,化作生活的正力量。

屏蔽效应

人们通过自己的感觉器官感受世界,反映世界,而后产生情绪。情绪和感觉器官有着必然的关系。天下熙熙攘攘,纷纷扰扰,每天要发生多少事情,不知道不生气,知道了岂能无动于衷?人们会因为看了、听了负面的消息,然后胡思乱想,产生恶劣的情绪。这就说明不良的信息环境，对于人们的情绪具有重要的影响。

心理学家经过多年研究认为，人们主动拒绝不良的信息，把不良的信息屏蔽在感官之外，对保持良好的情绪有着重要的意义，这就是屏蔽效应。《论语》记载，颜渊向孔子询问仁爱的含义，孔子回答道："非礼勿视，非礼勿听，非礼勿言，非礼勿动。"意思是不符合仁爱礼教规定的，不能看，不能听，不能说，不能做。就是说从眼睛、耳朵、嘴巴、身体严格地要求自己，熏陶自己。

其实这里说的屏蔽效应，就是要创造一个良好的情绪环境。有了良好的情绪环境，自然就有了好的情绪。如果一个人每天耳闻目睹的全是打打杀杀，吵吵闹闹，悲悲伤伤，凄凄惨惨，情绪能好了吗？人们的情绪和环境是分不开的，学校需要良好的学习氛围，工作场所需要美好的工作环境，心情烦躁的人需要一个安静的住所，而人们恰恰忽略了心灵更需要一个良好的环境，用来修身养性，滋养心灵。

人们往往被充斥于生活中的各种信息所蒙蔽，沉浸于其中乐不思蜀，甚至每天牵肠挂肚，不能收心。现在的媒体就是这样的，各种各样的信息总是一哄而上，千方百计地覆盖而来，挤占了人们有限的时间和空间，比如哪个名人的趣闻轶事、哪个明星的桃色新闻、哪个名人的嘴皮官司。这还不算，一场毫无悬念的足球赛，让许多人夜不能眠，兴奋不已，吵闹不止；一个明星的隐私让那么多人津津乐道，追问不休，成为茶余饭后的话题；而花钱烧钱的娱乐节目，一个低级趣味的主持人，摇头晃脑，问些幼儿都知道的常识，却自以为聪明。一个人每天被那些乌七八糟的八卦新闻、负面消息所摆布，心情能好了吗？

反问一句，这些都与人们的生活密切相关吗？回答是否定的！那些名人不会知道天底下有人对他那么痴心，那些明星该风流还风流，不会因为你而收敛丝毫。许多人关心的人和事，在对方来说连知道都不知道，只是一厢情愿而已。

可是，人们看电视、读报刊，点灯熬油，花费时间，关心的竟然是这么一些乌七八糟的精神垃圾，不仅毫无用处，而且让我们喜怒哀乐，忧患不已，白白耗费了美好的青春，浪费了大好的年华，多么不值啊！

负面信息对人的影响是不知不觉的，具有腐蚀性的。

某个遥远的国度，有个人生了几十个孩子；在世界某个你一辈子都不可能去的地方，发生了一起枪击案；在某个闻所未闻的落后的国度，部落首领生活糜烂，等等。花上省吃俭用的钱买上电视，每天趴在电视旁聚精会神，看这些垃圾信息，毁坏了身体，划得来吗？

人们为此神神秘秘，交头接耳；义愤填膺，激动不已；慷慨激昂，好像是舍我其谁的样子。可是，你所做的这些有用吗？你的关心会带来什么？无非是生气烦恼，伤心伤肝。

有些人啊，关心的好像是所谓的"天下大事"，其实都是些于己无关的事情。不要说对于天下，就说对于你所在的城市你说话管用吗？不要说你的城市，就是你的命运，你能改变多少呢？你的工作你的事业你的理想，你能做到多少呢？一个连自己都顾不过来的人，难以扬眉吐气的人、要看别人的眉高眼低生活的人，却要关心天下，操心那些与己无关的闲事，任那些垃圾信息，玷污心灵和眼睛，浪费自己的生命，这真是本末倒置啊！

人活着，一个是身体，一个心灵。首先要爱护身体，每天抽出时间细心锻炼和呵护；其次，学习知识，培养能力，完善自己，超越自己，光这两样事，我们一生都不可能做好，有道是宇宙无涯，生命有限，哪里有时间关心和操心一辈子也无瓜葛的无聊的信息呢？

且把天下事放在一边，好好做人，修身养性。要善于拒绝负面信息，拒绝负面情绪，拥有正情绪。我们的精神环境需要净化，要具有"环保意识"。

情绪智慧

事物作用于感觉器官所产生初级心理反应时，缺乏理智的过滤，不受理智的检验和控制。情绪是心理状态和身体状态的表现。对于情绪的控制，反映了个体的修养和综合素质。

不受情绪控制的人是危险的，也是无法合作的。因为我们所处的是一个有序的社会，每个人必须遵守社会的基本规范和准则，只有这样才能适应社会并有所作为。情绪是没有规则的、自由的，任由情绪发泄，将会破坏社会的规范，受到惩罚。如果一个人事事从自己的情绪出发，没有理智的闸门控制自己，那么，和见人乱吠的动物又有什么区别？有的人情绪起伏，发起火来不是拍桌子瞪眼睛，就是摔杯子动刀子，不计后果，不加约束，不要说做什么事，连与人相处都是不行的。

心理学家提出了情商一词，主要是指个体在情绪、情感、意志、挫折等方面所具有的控制和调节能力。包括人们在情绪自觉、情绪管理、情感沟通、情感判断、情感兼容等方面的素养和能力。只有拥有较高的情商，即情感智慧，才能在日新月异的现代社会有所作为。一个人无论智商多高，如果缺乏情商的话也是无法适应社会的。

某名牌大学发生了一起学生投毒事件。学生黄某因呕吐、发烧等原因入院，开始怀疑食物中毒。后来病情迅速恶化，抢救无效身亡。经警方查明，黄某同寝室的同学林某因生活琐事与黄某关系不合，心怀不满，经事先预谋，将一种剧毒化合物带入寝室，投入饮水机的水槽，黄某饮水后中毒。

作为名牌大学研究生的林某，因为生活间的琐事，竟然投毒置人于死地，不仅毁了黄某，也毁了自己。著名教育学者熊丙其评价此事件时说："人性尽失，害人害己；教育有弊端，育人德为先！应试教育，教育出来一些有智商无情商的尖子生。"

情绪智慧，是人类的生存智慧，是人们之间相处、交往、共事、合作的必修课。在今天的社会，每个人要生存下去，要得到社会的承认，实现自我价值和人生目标，必须具备高水平的情商。现代社会是一个高度依赖、合作共赢的社会，只要你在这个社会生存，就要与人打交道，就要经历种种事情并处理人际关系，这往往考量一个人的社会价值，决定人生成败。一个具有情绪智慧的人，善于观察世界，敢于面对人生考验，在成功和失败面前保持自己的风范，智慧而巧妙地处理生活中的难题，战胜前进道路上的困难。成功者是能够控制自己情绪的人，也是能够调动大众情绪的人。

哲学家常说，战胜自己，这句话其实就是说战胜自己的人性弱点，控制自己的情绪。要提高情商，具有情绪智慧，应当从以下方面着手。

一是善待情绪，寻找情绪产生的原因。情绪并不是无本之木，空穴来风，而是人们对外界事物的心理反应。如果产生不良的情绪，就要探究根源。搞明白为什么不安、浮躁，是什么事情没有做完，还是别人的闲言碎语影响了自己。搞清原因后，对症下药，把烦心的事情做完，情绪也就消失了。

二是正确认识情绪，辩证看待情绪。许多情况下，人们不良情绪的根源，其实是认识发生了偏差，思维短路造成的。失恋时人们很痛苦，往往抱怨对方不喜欢她，甚至抱怨对方欺骗了自己的感情。其实，感情的问题都是自己的问题，任何抱怨不仅无益，而且只能是自己伤害自己。因为在一个文明的社会，每个人都有自由选择恋人的权利，任何人都无法强迫别人必须喜欢自己。十步之内，必有芳草，与其恨天恨地，何如重新开始？

三是灵活处理人际关系，善于沟通。人们的许多不良情绪是人际交往中形成的，如嫉妒、怨恨、不理解、孤立感、敌视等。人际关系是人们生存的社会基础，处理不好就会处处被动，带来负面情绪。当人际关系出现问题时，重要的是沟通、理解，而不是对抗、报复。只要抱着与人为善的态度，就会赢得别人的理解和信赖。

四是将心比心，设身处地。人是感情动物，是可以用感情对话的。当无意间的一句话伤害了别人，引起别人的误解和不满时，就要设身处地想一想，如果别人这么对我，我会怎么样。处于生活的低谷时，不妨想一想，如果是伟人，在这个时候会怎么做。司马迁《报任安书》："盖西伯拘而演《周易》；仲尼厄而作《春秋》；屈原放逐，乃赋《离骚》；左丘失明，厥有《国语》；孙子膑脚，《兵法》修列；不韦迁蜀，世传《吕览》；韩非囚秦，《说难》、《孤愤》；《诗》三百篇，大底圣贤发愤之所为作也。"想想这些处于低谷的历史人物，如何面对挫折，成就人生伟业，失意的情绪就会消失得无影无踪。

五是主宰自己，掌控情绪。任何情绪都是人们的心理反应，你可以快乐，也可以不快乐；你可以烦躁，也可以从容，并非取决于外物，而是取决于自己的修养。东晋时期，谢安官至宰相。前秦苻坚率领着号称百万的大军南下，志在吞灭东晋，统一天下。军情危急，建康一片惊恐，谢安依旧镇定自若，派了谢石、谢玄、谢琰和桓伊等人率兵8万前去抵御。当东晋军队在淝水之战中大败前秦时，谢安却不动声色地与朋友下棋。朋友忍不住问他，谢安淡淡地说："没什么，已经打败敌人了。"这是多么地镇定自若。

六是整理心情，清理垃圾。笤帚不到，灰尘不会自己跑掉。

待人接物，是是非非，难免萦绕于心，时间长了，就产生了情绪的垃圾，要定时把不良情绪加以清理。恶劣的情绪并不是一下子冒出来的，有时是经过一段时间的积淀形成的。如果发现不良情绪的苗头，要立即清理，不要让它蔓延开来，影响了心情。许多人的情绪失控、生气发怒、过火行为，实际上是小的不快没有及时清理引起的。

第四章 | 调整心理

幸福不幸福，取决于心情。心情好了，生活处处是阳光；心情不好，世界灰暗无色。好的心情，取决于正心理，正心理是人生所必备的。要具有正心理，就必须排除不健康的心理，激发心理的正力量，拥有健康的生活。

化解紧张心理

紧张心理是人们在学习和工作过程中产生的心理亢奋状态，给心理带来压力，使心理处于紧张状态。过度的心理紧张会给身心健康带来问题，影响工作进展和能力发挥，使心灵存在受挫感。长期的心理紧张状态，会使人的身心如紧绷的琴弦，超过身心的适应力，就会出现疾病。紧张心理对于人们的身心健康有着潜移默化的伤害。

在现代社会，竞争是不可避免的，紧张心理也是难以绕开的一个话题，可以说几乎没有人不存在紧张心理。人们要实现人生价值，完成目标，必须面对生活，面对工作。只有努力工作，取得成效，才会在竞争中脱颖而出。芸芸众生，人们的天资都差不多，成功就是比别人付出的更多，更加能够吃苦。

化解紧张心理，就要善于应对压力。即使暂时逃避了紧张心理，可是，人无远虑，必有近忧。工作的优劣、别人的成功、生活的压力将会接踵而至，不能不使人产生恐慌感，导致精神压力，带来紧张心理。因为，人生如逆水行舟，不进则退。你不努力，你悠闲自在，实际上就意味着落后，意味着对于财富的疏离。每个人都不同程度地存在紧张心理，哪怕他无事可做，什么都不做。

万宁是某电视台的资深记者，由于电视台采访任务紧张，经常顾不了家，于是，想办法调到一家国企上班。那时，在电视台采访、制作节目，经常神经紧张，休息不好，出现了失眠症状。在国企上班后，按部就班，生活规律，心理状况有了较大的改善。可是，不久领导交给一项任务，组织拍摄公司系列宣传片，以迎接公司成立二十周年。时间紧，任务重，加之对公司还不了解，压力可想而知。

无论多么艰难，万宁只有迎难而上。因为，万宁得用工作成绩，证明自己的能力，在新单位站稳脚跟，否则无法交代自己。开过动员会之后，万宁就带领拍片人员投入紧张的工作，下基层了解公司经济发展状况，拍摄镜头，整理资料。每天忙得晕头转向，可是，工作进展缓慢。拿出拍摄的部分样片，领导说缺乏新意，要求重新调整思路，拍出漂亮的镜头。

万宁心理紧张状态可想而知。一想到时间过去了一个多月，工作好不容易有了头绪，却受到否定，心里好像压着一块石头，喘不过气来。情绪烦躁，心理紧张，和家人说话也带着火药味，稍有不对，就爆发了。同事们劝他别着急，忍耐点，要坚持，一定要把工作做好。他采取了压力分解法，把公司下属单位按照地区分片，每项工作具体到每个人，明确分工，规定时间，制定细则，要求如期完成。同时，积极与领导沟通，提出自己的设想，取得领导的支持。就这样，经过半年多的紧张工作，万宁完成了工作，受到了领导和同事的肯定。

敢于面对困难，迎难而上，攻坚克难，发挥自己的能力，是缓解心理紧张的有效方式。困难意味压力，当战胜了困难，完成了任务，心理压力就纾解了。

面对压力，不作为，不努力，是无法解除压力的，只能使心理更加紧张。辩证地看，适当的压力也是激发斗志、发挥才能的动力。如果每天松松散散，拖拖拉拉，时间长了人就颓废了，也就失去了生存能力。

克服心理紧张，是决定胜负的关键。考试、比赛、讲话等，都容易引起紧张心理。有的学生成绩不错，可是，参加考试成绩平平，甚至晕场；有的人私底下讲话滔滔不绝，公开场合则结结巴巴，讲不了一句完整的话；有的人相亲时呼吸紧张，面红耳赤，手心出汗，第一印象就不太好。凡此种种，越是在关键时刻，越是紧张，心跳加速，不听自己的指挥，事后悔恨不已，无可奈何。

如果一次发挥不好，就会影响到下一次，多次失败就会形成心理障碍，演变为病态紧张心理。机不可失，时不再来。机会是具有时间性、唯一性的，一旦错过，就失去了。而等到下一次时，心理紧张状态不会低于上一次。

要克服心理紧张，一是制订计划，有条不紊，安排好各项工作。二是勇敢面对，无所畏惧。人生该面对的总要面对，不管紧张不紧张,都要面对,那么何必紧张呢。三是积极应对,做好准备。提前做好准备,能缓解心理紧张感,就不会惊慌失措。四是调整心态,做放松练习。如调整呼吸,祛除身体不适感;进行冥想,用一些有趣的事情,打消紧张的情绪;经常听听轻松的音乐,养成一种放松的生活习惯。五是越紧张,越要出场。逃避会带来更大的紧张心理,有害无益。只要适应了环境,战胜了怯懦,以后就不紧张了。

正视攀比心

攀比是一种较常见的心理特征。只要在社会上生存,就会接触到各种各样的人。人们习惯于观察别人,把别人作为生活的参照物,与自己做一个比较,从而产生攀比的心理。

攀比心是主体与客体进行比较中产生的一种心理活动,把客体外化为主体目标和标准,极力攀比,往往产生始料未及的负面效果。

晋代权贵石崇富可敌国,还不满足,他与王恺斗富,用蜡烛作柴烧,白银做马槽,黄金做马鞍。王恺制作了长达四十里的紫丝步障,石崇接着制作了五十里的锦缎屏障,互相攀比,穷奢极欲。如此奢侈的攀比,难免遭人嫉恨。后来,石崇在"八王之乱"中被赵王伦找个借口杀害了。石崇宠爱的美女绿珠跳楼自尽,香消玉殒。珍玩翡翠,雕梁画栋,化为乌有。唐

代诗人杜牧《金谷园》诗叹道:

> 繁华事散逐香尘,
> 流水无情草自春。
> 日暮东风怨啼鸟,
> 落花犹似坠楼人。

伤悼之情,溢于言表。无事生非,极端攀比,导致了石崇家破人亡的悲惨下场。

与人比较是正常的,可以激发生活的激情,使自己努力奋斗,见贤思齐。但是攀比心却是消极的,看到自己不如别人,或者情绪低落,心情不快,陷入痛苦的情绪;或者不择手段,加大精神负担,想方设法满足自己的攀比心理,陷入了比富炫阔的境界,在攀比中迷失人生的方向。一味地与人攀比,在物质的漩涡中苦苦挣扎,对自己缺乏最起码的客观评价,对人则是一种仰慕或者否定的眼光,把身外之物放在了第一位,无法自拔,失去自我。

人活在世上,总爱与人攀比,这也许是人性中的劣根性。别人有什么,自己没有,便心生不平。本来生活还过得去,可是见人花巨资把家里装潢得金碧辉煌,于是,心里便产生攀比的念头。看到邻居买了小汽车,便整日羡慕不已,啧啧感叹,拼死拼活,积攒钱财,耗尽心血,非要买个汽车不行。当费尽九牛二虎之力将汽车开回家,却发现连买汽油的钱都捉襟见肘,真是愁云顿生,懊悔连连,外边光彩,心里煎熬。

追求攀比，往往使人变得世俗肤浅，俗不可耐，降低了生存的境界。因为人们所谓的攀比，实际上是不切实际的欲望，大都停留在物质层次上，比吃比住，比排场比体面。人身长不过七尺，高屋广厦，于己何益？人不过是血肉之躯，吃穿再好，其实本质上还不是一样？世俗犹如一个陷阱，使人陷进去之后不断挣扎，徒劳无益。整天在世俗的场所游走，人的一言一行因攀比而变得庸俗不堪，珠光宝气，满身铜臭，久而久之，人便嬗变为物质和金钱的附庸。

互相攀比，使人整日蝇营狗苟，疲于奔命。活在攀比中的人是世上最累的人。随着科技的发展，物质生活日益富足，精神生活日益丰富，可人们却叫累叫苦，没有幸福感，原因正在于此。正常的生活总是被攀比之心扰乱，幸福的人生往往被攀比之剑划伤。每个人都有自己的人生轨迹，每个人都有自己的生活价值，陷于攀比泥潭的人，试图领略所有人的人生轨迹，达到所有人的生活价值，以一己之力，与亿万人相抗衡，岂不是螳臂挡车，不自量力？蚂蚁啃树，永无竟时？这种徒劳的毫无可能的攀比，完全是非理性和盲目性的，最终换来的只是生命逝去，时光不再，仍然两手空空，一无所获，使生命失去了光彩和生机。

看重攀比，发现自己不如人，往往容易产生嫉妒和忌恨。本来很美满的日子，在这种心理的支配下，顿时如坠地狱，度日如年。有的人甚至以邻为壑，心生歹念，心理变态，行为扭曲，给生活添上灰色的调子。还有的人在忌恨中变得贪得无厌，难以自律，在攀比心的驱使下一失足成千古恨，走上了犯罪道路。多少红尘梦，最终阶下囚。现代人比过去更感到生存艰难，实际上是和无穷无尽的追逐分不开的。有句成语是欲壑难填，一旦陷入攀比的深渊之中，哪里会有终止的一天？无尽的烦恼，无尽的嫉妒，无尽的劳作，也不会使人满足，所谓攀比不止，苦海无边。

过分的攀比将使人丧失崇高的信仰和远大的理想，玷污了心灵。因为，所谓攀比，都是一些眼前的利益和满足。琐碎的事情和形式上的虚荣，一旦挤占了灵魂，便会在无休无止的事务中，颠簸劳累，无暇顾及人生的精神修养。人在一贫如洗时，也许心灵并不空虚，有着高尚的情操和美好的向往，而在攀比不止的心态中，心灵将会污垢斑斑，行为猥琐。许多人经常叫喊空虚和无意义，是与攀比心分不开的。

人有一双眼睛，总是看到别人，很少反观自己；有一颗跳动的心，总是感受到红尘世界的纷纷扰扰，却感受不到自己的脉搏，忘记了自己的存在。眼睛长在脸上，总是往外看，恰恰忘记了往内看，看不到自己的心灵，忘记了这个喧嚣的世界上，还有一个自己。

每个人都是独立存在的个体，经济基础、自身条件、生活阅历、知识结构都是不一样的。处处与别人比较，总是和别人攀比，不如意就不开心，比别人强了就自鸣得意，这种心理属于童年期心理，说明心智在某种程度上不健全。

世人的许多痛苦、灾难和攀比心是分不开的。极强的攀比心，扭曲了人生观，忽视了自我价值，使自己生活在别人的阴影中，斤斤计较，蝇营狗苟，不能自拔，最终丧失了自己，没有了人生的乐趣。

爱攀比的人，把生活的快乐放在别人的身上，期许以后会达到别人的高度。其实，人生不是这样的，你的目标明天也许会改变，或许明天比今天强，或许明天变得糟糕，因为你的攀比对象不是一成不变的，谁能说得来呢？只有今天是你能把握的，是你的幸福所在，而你却跨越今天，虚幻地想一些不切实际的问题，羡慕别人的地位、房子、车子、财富，却失去了人生的意义，丢失了生活的快乐。

山外有山，人外有人。文无第一，武无第二。长江后浪推前浪，一代新人胜后人。喜欢攀比的人，总是把别人作为自己的人生坐标，衡量自己，做出价值判断。于是，人生就像个旋转的陀螺，在攀比的追逐中，永远被别人的鞭子赶着走。在攀比者的人生辞典里，也许什么都具有，唯独抹去了自己的存在价值。

俗话道："我不比富我不穷，我不攀贵我不贱。"在乡村里生活的时候，曾经看到并不富足的人们自在逍遥，忘情田野，达观超然，无忧无虑。那种自得，那种满足，真让人羡慕不已。《红楼梦》里有句话："世人都晓神仙好，惟有功名忘不了。"生活在攀比之中，追逐不已，纷争不已，即使在天堂也如处于水深火热之中。如果没有攀比之心，即使家徒四壁，在心灵上也赛过国王。

少点攀比之心，心灵就多一份满足，就多一份恬静，幸福和快乐就会长着翅膀，飞到你的身边。

克服虚荣心

　　虚荣心是人们为了满足表面的荣誉感而表现的心理特征。注重的是表面的形式，而非事实真相。这是以不恰当的方式达到对自我感觉的维护，是不真实的生活状态。在这种心理的支配下，人们为了千方百计地达到目的，不顾自己的能力和实际情况，不惜扭曲自己，极力迎合社会和他人，使自己处于虚假情感满足状态。

　　每个人在社会上都想体现自我价值，这是不容否认的。但是，如果仅仅为了面子问题，就委屈自己，强迫自己做力所不及的事情，那又何必呢？这样不仅失去了人生的快乐，也使自己疲于应付，吃尽苦头。

　　杜天是某建筑公司工程师，看到有的同事上班开着私家车，又方便又有派头，尤其是刮风下雨天，更是格外方便。看看自己，每天上下班骑一辆自行车，感到很没有面子。怕同事看到他骑自行车，甚至有段时间打的上班。杜天刚上班不久，没有积蓄，就在银行贷款买了一辆车。开车上班后并非想象的那么自在，一是停车没车位，四处找地方；二是上下班高峰期经常堵车，情绪烦躁；三是每月定期还贷，压力大。其实，单位到家不过五六里路，骑车不过十分钟，开车反而需要一刻钟。为了面子，苦了"里子"。

这让我想起莫泊桑的短篇小说《项链》。小说描述了在虚荣心驱使下的一个哭笑不得的故事。玛蒂尔德是个小公务员的妻子，过着简单而拮据的日子。甚至饭桌上铺的白布，三天才换洗一次。可是，她却梦想着客厅里蒙着东方的帷幕，点着青铜的高脚灯，摆着无从估价的瓷瓶和光辉灿烂的银器皿，拥有仙境般的园林。

一次，玛蒂尔德接受了部长举办晚会的邀请，本来是高兴事，她却伤心地哭泣不已，因为她感到世上最叫人丢脸的，就是在许多有钱的女人堆里露出穷相。玛蒂尔德为了满足虚荣心，向一个贵妇人借了一条项链。可是，这条项链不慎在舞会上丢失。玛蒂尔德为了赔给贵妇人一模一样的项链，把家里所有的财产都搭进去之后，还借了几万法郎的高利贷。后来，玛蒂尔德和丈夫历尽艰难，吃苦受罪，十多年后终于还清了债务。玛蒂尔德某日在街上散步时偶尔遇到那位贵妇人，无意间谈起哪条项链，贵妇人告诉她那条项链其实是假的。看着玛蒂尔德蓬乱的头发，由于还债变得苍老的容貌，贵妇人很可怜她。这使玛蒂尔德百感交集，可以说，为了小小的虚荣心，玛蒂尔蒂和她的丈夫把后半生都搭进去了。

爱慕虚荣是一种很狭隘的心理，整日沉淀于虚假的物质欲望中，扭曲了人生的价值观。好像自己的一切都是为了别人活着，以别人的衣食住行来作为自己幸福的标准，用别人的眼光看待自己，眼里全是物质，全是别人。哪怕受多少苦，吃多少罪，都在所不辞。活在虚荣心中的人，是没有出息的人。因为心里只有索取，没有奋斗；只有物质欲望，没有精神追求。

有的家长在一起比孩子，炫耀孩子。只怕自己的孩子比别人穿的差、吃的差，别人的孩子有的，即使勒紧裤带也要让自己的孩子拥有。结果从小就使孩子爱慕吃穿，缺乏正确人生观，不知勤俭节约为何物。一些家长处处夸耀自己的孩子，把孩子作为人生的目标。某地发生了一起令人震惊的故事。有个家长发现班里有个孩子不仅比自己孩子穿得好，浑身是名牌，而且比自己孩子学习好，感到虚荣心受到伤害，于是雇凶杀害那个孩子，把自己也送上了不归路。

有位哲人说："虚荣心很难说是一种恶行，然而一切恶行都围绕虚荣心而生，都不过是满足虚荣心的手段。

人生处处有风景，家里家外，邻里邻居，单位社会，同学朋友，处处要显示自己，满足虚荣，即使有三头六臂，如何能够顾得过来？虚荣心是如荒草般随处滋生的心理欲望，只要有人群的地方、有公众的场合，它就会制造心理落差，表现为心理弱势，从而给自己带来无形的压力与负担。在虚荣心驱使下，人们不自觉地陷入悲苦的境地，成为一种无法消除的心理伤疤。

虚荣心和攀比心是有区别的，攀比心是物质欲望的较量，虚荣心则是人生观的扭曲，不仅是物质层面的，更有精神层面的比拼。攀比心使人在物质的欲望中挣扎，虚荣心则使人行为虚假，甚至走极端。哪怕牺牲自身，折磨自身，也要维持内心的虚荣。极端的虚荣心，又如无形的刀片，刮削着脆弱的心灵。

虚荣心的一端总是维系着可怜的不健康的面子。虚荣心使人被物质利益迷惑了心灵，缺乏对于生活的远见，在虚荣心的冲动下做出后悔终生的事情。有的女孩子甚至说："宁在宝马车里哭，不在自行车后笑。"她要的不是真正的爱情，更不是山盟海誓，而是表面上的光鲜。她可以向人炫耀，自己找了个有钱的老公，开着名车宝马。至于痛苦是藏在心里的，如果没有爱情，遭受的心灵的痛苦将是一生的。红颜易老，早早就成为弃妇，这种滋味岂是一辆宝马车能够抵偿的？

虚荣心强的人，其实活得很虚幻，很虚假，也很累。总是看别人的眼色，总是跟着别人转，哪里能想享受到人生的悠闲自在呢？

虚荣心的产生来源于物质欲望，根源在于没有正确的人生观。要克服虚荣心，必须树立正确的人生观，具有远大的目标，追求崇高的理想，过一种积极健康的生活。要善于透过现象看本质。试想一下，吃得再好，穿得再好，顶多是身外之物罢了，如果没有健康的身体，那些衣服和食物还不是摆设？何况为了表面上的风光，付出那么多的代价，能划得来吗？

其实，虚荣两个字就是很好的说明，所谓虚荣，就是虚假的荣誉，既然是虚假的，追来追去还不是一场空？

有人说："酒色财气四道墙，人人都在里面藏。只要你能跳出去，不是神仙也寿长。"明代小说家冯梦龙也说："酒是烧身硝焰，色是刮骨钢刀。财是阎王钓饵，气是无烟火药。"适度的酒可以养生，但是如果贪杯酗酒，则会贻害无穷；色是美色，乃生活的亮丽的风景线，但是如果以色为虚荣，则不免受尽折磨；财是财富，财富是经济基础，如果把财富作为人生的目的，置社会规范法律于不顾，则祸患无穷；气是呼吸吐纳的生命之气，如果为了自己的虚荣心，颐指气使，生气斗殴，沉溺酒色，则为人生之大忌，万病与气有关。

消除嫉妒心

人本来是有差别的，每个人都有自己的人生轨迹。有差别是正常的，如果把差别作为超越的目标，会使人生更精彩。但是，有的人不能正常地看待差别，不是见贤思齐，而是嫉贤妒能，滋生了嫉妒心。

嫉妒心是人与人比较后所产生的嫉恨心理。在嫉妒心理的驱使下，人们不能正确看待别人的优势，正视自己的缺点，而是产生一种不平、恼怒、屈辱的情绪。嫉恨别人比自己强，希望别人倒霉。

嫉妒心有害无益，一方面对人嫉恨，使自己陷于烦恼痛苦之中，一方面不由自主地攻击别人，使自己良心受到玷污。可是，理智地想一想，嫉恨有什么用呢？你的烦恼痛苦只是内心的感受，别人又不知道，除过伤害自己外，没有任何价值，更何况这种卑劣的心理见不得阳光，只能发霉。另外，不择手段地攻击别人，也许会使别人受到伤害，但是，对自己毫无益处，真是伤人伤己，两败俱伤。更何况把精力耗费在中伤、攻击别人上,而不是超越别人,只能使自己原地踏步,甚至不如别人,或者适得其反。

《黄帝内经》道:"嫉火中烧,可令人神不守舍,精力耗损,神气涣散。"两个原来关系很不错的大学同学,毕业后分配到同一个机关。几年来同学聚会,酒场欢歌,总少不了他们。前几天突然听说两个人关系紧张,产生裂痕。到底怎么回事呢?经了解,其中一人得到提拔重用,另一人颇感不平,心生嫉妒,继而忌恨,写匿名信告状。多年的友谊,顷刻间毁于一旦。

在优胜劣汰、竞争激烈的社会,总有胜利者和失败者。名誉、地位、金钱,与每个人的努力分不开,也与机遇有关。同一个单位有人升职了,有人原地不动,在人们的心中难免会引起一定的波澜,这是很正常的,但是,由嫉妒而生怨恨就不好了,这不是正确对待生活的态度。

嫉妒心容易使人丧失理智,不仅嫉妒别人,嫉妒朋友,甚至嫉妒有血缘关系的亲人。报载,某地发生一起命案,一个拥有千万资产的公司经理一家人被杀害了,谁知凶手竟然是经理的妻弟。原来,经理致富之后,其妻子就想方设法把弟弟安排到公司,每月给予不菲的报酬。可是,他嫌公司工资低,经常向姐姐索要钱。后来,次数多了难免碰钉子。于是,弟弟由不平到嫉妒,竟然亲手残害了姐姐一家人。

嫉妒心会使人与自己较劲,严重点甚至自虐。以自己之长比别人之短,无端气恨,折磨自己。在不正常的心态作用下,夸大自己,贬低别人。认为工作成绩、能力、学历样样不比别人差，为什么他上了我就没有上，为什么好事轮到别人坏事却都让我给赶上了，千比较万比较，自己如鲜花，别人如牛粪，于是愤愤不平，怨恨不已，茶饭不香，睡觉不甜，和自己过不去，对同事没笑脸，却又没能力改变现实，只好在自我折磨中打发日子，在思维怪圈中人瘦了，也没了精神，工作变得一塌糊涂，甚至因此得了病。这属于自虐式的嫉妒。

有一个故事，某个人拜见上帝，让上帝帮助自己实现愿望。上帝表示可以满足他的愿望，但是要附带一个条件，无论是什么愿望，在满足的同时，必须把这个愿望双倍地给予他的邻居。这个人一听上帝的意思，就声称要换一个愿望。上帝问他，你的愿望想改为什么。这个人说，你把我的一只眼睛变瞎吧。上帝特别奇怪，问为什么呢？这人说，这样我的邻居就双目失明了，我至少还有一只眼睛能看到世界。上帝悲悯地看了看这个人，瞬间消失了。

从嫉妒走向嫉恨，导致心态畸形，这种畸形的嫉妒心害人害己，会把一个人的前途、人格、命运统统毁掉。

正确看待嫉妒心，善于把嫉妒化作进取的动力。有的人产生嫉妒心后，把嫉妒作为契机，作为人生奋斗的催化剂，向新的目标努力。只要是人，都会在比较中存在，产生嫉妒心不一定是坏事，关键要清醒地认识自己，发现缺点，以此调整知识结构和工作方向。发现了别人的长处，就应当虚心学习，甚至可以和对方成为知己。有的学生见同学考上了名牌大学，因此奋发图强，非要考个名牌大学不罢休，一改往日的坏毛病，最后如愿以偿。这种事例在生活中是很多的。积极的心态往往成为人生的转折点，完善自己，改变命运，在嫉妒的同时，要清醒地认识自己。找出差距，借此作为改变命运的良机，积极地面对现实生活中的问题。

去掉猜疑心

不能不说，人生的许多痛苦是猜疑心造成的。

猜疑心是个体人际交往中的多疑心理的反应，对于人际关系容易造成伤害。任凭猜疑心蔓延，疯狂滋长，将使人处于自我折磨中，随着心理极限的突破，将会产生可怕的后果。

猜疑心处处以自我为中心，用不信任的态度对待人和事。猜疑心重的人，喜欢发挥丰富的想象，把别人的一句话、一个眼神、一个举动，都按照自己的观点来定位，得出预期的结论。

猜疑心和受挫感有关。毕建华是市政府机关的网站工作人员，应邀参加某重点工程的奠基仪式，全程报道这个活动。他又是采访，又是摄影，忙了一整天，加班到次日凌晨，在网站上发布了重点工程奠基的图片和文字。可是，早晨一上班，网站领导说报道中重点工程数据有问题，严肃批评了他。毕建华坐立不安，担心因此会受处分。尤其是想到犯了这样的错误，将会影响到以后的提拔，诚惶诚恐，芒刺在背。走在办公楼里，好像别人看他的眼神都不对了，怀疑别人的谈话是不是针对自己。于是，看到同事躲着走，路过网站领导办公室也是小心翼翼的。甚至，电话铃一响，就怀疑是不是领导要找他谈话，给予处分。

毕建华就这样在猜疑中度日，每天都惶惶不安，压力越来越大。过了一个多月，单位又要举办大型的招商引资活动。毕建华再次领受了任务，参与网络报道。会议间，正好碰到市长，谈到市政府网站的工作，表扬网站办得很不错，对于宣传和推动市政府的工作起了良好的作用，希望他继续努力。一席谈话，让毕建华顿释重负，心里的一块石头落了地，原来市领导对于上次的失误压根儿没有放在心上。

猜疑者内心定格于伤害记忆，把简单的事情复杂化，放大细节，夸大事实。其实，人生的许多事情开始就是结束，一发生就过去了，几乎是云过湖水，不留痕迹的。而猜疑者却停留在伤害中，不断地抚摸伤疤，给伤口上撒盐，造成对于自己的二次伤害。

猜疑心使人片面地看问题，凡事简单化，非对即错，非此即彼，非友即敌。认为一个人好，就一举一动都无瑕疵，认为一个人不好，好像空气都不对了，眼角眉梢都似恨。顺境中看到的都是鲜花，好像每个人都是笑脸，逆境看到的总是荆棘，好像别人的一举一动都是剑戟，是针对自己的。

猜疑心重的人每天在别人的脸色中生活。其实，好多事情并非是这样的，每个人都有自己的心事，都有自己的情绪状态，或者是由于心情不好，或者碰上不顺心的事情，无意间露出来情绪，并不是针对别人的。猜疑心却使人把整个世界都想做假想敌，任何风吹草动都是对于自己的不满。活在这么一种心态中，岂能不累？

无端怀疑猜忌，将引起人际关系紧张。我有一个同学大学毕业后留校，担任经济学院的老师，研究市场经济理论，发表了多篇学术论文。当地经济学会组织优秀论文评奖，他递交了学术论文，满以为可以获得一等奖，评比结果只获得了三等奖。正好有个评委是大学经济学院的教授，与他是同事，他就怀疑同事从中作梗。于是，与同事产生了隔阂。学院安排教师工作，给他排课比较多，他也认为同事故意和他过不去。在他的内心，把同事想得特别阴险，于是，见了这个同事也不理睬了。后来，发展到凡是和同事关系好的人，好像都和他过不去。他认为非友即敌，不能同时共存，就这样，他不断猜疑着同事，也不断树立着假想的敌对面，过了几年后，发现自己朋友越来越少了，陷于孤立状态。

猜疑心使人不顾事实，与人缺乏沟通，固执己见。他对同事的看法，只是一种内心的猜测，至于究竟事实怎么样，并不去了解，就凭着简单的猜疑，使他失去了许多朋友，过着痛苦的生活。其实，许多烦心的事情，只要适当地沟通一下就能够避免误会，减少不必要的麻烦，可是，有些人就是不去做，偏偏相信自己的胡乱猜疑。

猜疑心严重的人，容易走极端。捕风捉影，胡思乱想，加上偏执的行为，酿成人生的悲剧。有个年轻人娶了个漂亮的妻子，生活美满幸福。一次，他无意间翻看妻子的手机短信，看到有一则短信比较暧昧，就怀疑妻子不贞。他每天背着妻子，查看她的手机短信和通话记录，又跟踪妻子上班。虽然一无所获，但是，总不甘心，捕风捉影，在家里摔摔打打，指桑骂槐，找妻子的不是。妻子很委屈，他也很气愤。一次，他出差后半夜回家了，推开门一看客厅里有一双男人的鞋，当时，火冒三丈，眼冒金星，顺手拿起客厅里的手钳，一脚踹开卧室的门，摸黑就向床上的人打去，妻子惨叫一声。这时，家里另一个卧室的门开了，只听见一声怒吼抓贼，他定睛一看，原来是自己的父亲。年轻人的父亲从老家来看病，住到了他家。年轻人马上傻眼了，所幸伤势不重，赶快把妻子送往医院抢救。

妻子在医院明白了事情的缘由，伤心欲绝。年轻人提起以前的那个手机短信，妻子一看手机号码，明白这是单位女同事的号码，短信内容是网上的一个段子而已。妻子坚决要离婚，此时，年轻人后悔不已，但是已经晚了。

猜疑心小可破坏友情、家庭、事业，大可以影响到群体的命运，决定战争的胜负。三十六计有一计，叫做反间计："疑中之疑，比之自内，不自失也。"意思是在疑中再布疑阵，使敌人互相猜疑，离间敌人内部的关系，使敌人自生矛盾，可保万无一失。

在楚汉战争中，项羽率领大军把刘邦围困在荥阳，形势危急，刘邦焦急万分。陈平向刘邦献计说："项羽所依赖的是谋士范增等人，如果想方设法破坏他们的关系，定能够解围。"此时，正好项羽派使者虞子期与刘邦谈判，陈平把虞子期安排到驿馆里，热情招待。虞子期趁机派探子打听刘邦的军情。陈平悄悄地问探子道："范增有话捎来吗？"虞子期听探子汇报后不免起疑，认为情况严重。之后去见刘邦，刘邦正在梳洗，让人带虞子期到密室等候。密室有许多军事文件，虞子期见没有人注意，就随手翻阅，看到一封信写道："项羽提兵前来，兵力不足。汉王不可投降，要抓紧时机，召韩信回师，老臣等为内应，一举败楚。老臣别无所求，唯希望破楚后封于故国，享受天伦之乐。"虞子期大惊，认为是范增勾结刘邦，意图消灭项羽。把信藏到身上，回到楚营后把密信交给项羽。项羽性格多疑，脾气暴躁，无论范增怎么解释都不听，把范增赶走了。范增足智多谋，项羽失去范增如同失去左右手，在楚汉大战中最后失败，无颜见江东父老，自刎于乌江。

　　人生的悲剧，多与猜疑有关。人是社会中的人，家人之间、朋友之间、同事之间、上下级之间，不可能透明如水，难免产生隔阂，需要良好的沟通。猜疑心总是由轻信到怀疑，由怀疑到坚信，由坚信到付诸过激的行为，最终害人害己，导致可怕的后果。

　　实际上，破除猜疑心很简单，就是理智思考，全面了解，加强沟通，消除误会，坦诚相见。远小人近君子，不听信一方之言。可是，由于性格的缺陷和成见，人们往往忽视了最简单最有效的破除猜疑的方法，从而酿制了人生的苦酒。

戒除恐惧心

人生不应当生活在恐惧之中，恐惧是负心理，无端消耗我们身体的能量，耽误人生的伟大事业。

然而，每个人几乎不同程度地存在着恐惧心理。恐惧心是个体对于某种事物产生的紧张不安的心理状态，表现为内心害怕、精神紧张、焦灼急躁等现象，是对于自我存在的不安全感的反映。

有的人怕蛇，有的人怕水，有的人怕蜘蛛，有的人怕黑夜，有的人怕打雷，等等。其实，这些没有什么可怕的，并不会对人类构成什么威胁。蛇不会主动攻击人类，水对于生命来说不可缺少，蜘蛛不过是一种小昆虫，黑夜是地球自转的现象。但是，某些人不仅不敢面对，而且刻意地逃避。这种心态一旦成为心理定式，就会对人们的行为产生长期的影响。有道是一朝被蛇咬，十年怕井绳。

这或许和早期人类穴居生活有关。在人类的蒙昧时代，人们的衣食住行等最基本的生活条件难以保障，加之蛇虫猛兽的出没构成潜在的威胁，使人类的生活不稳定，时常处于恐惧不安之中。在人类的生涯中，不仅要适应自然环境，而且要与比较凶残的动物进行斗争，付出极大的代价。对于动物潜在威胁的心理预期，对于茫茫长夜的内心恐惧，在人类的心灵中形成了记忆的刻痕。

日常生活中的恐惧也是常见的，如有的人不敢见人，人一多走路都不会走了，好像别人在注视着自己；有的人买了一件新衣服不敢穿，因为害怕人笑话；有的人在公众场合不会吃饭，害怕别人盯着自己；有的人不敢跳舞，怕别人议论；有的人不敢游泳，其实到游泳池一看，好多人还不是旱鸭子？由于害怕，许多人一生不敢当众讲话，一生不会游泳，长期生活在压抑之中。

恐惧状态，是那么常见，甚至不会引起人们的警觉，习以为常，但是，恰恰是这种心理感受，使人们形成了潜在的人格缺陷，使人生活在阴影之中，难以摆脱。人们的缺点，绝对不是先天就有的，完全是由于心理恐惧引起的不适而造成的，直接影响到事业的发展和一生的前途。在这种心理中，许多人活在潜在的恐惧中，逃避拒绝着某些生活。

恐惧心的特点不是针对事实存在，而是心理的凭空想象，在想象中勾画恐惧图像。有句话说，不怕贼来偷，就怕贼惦记。小区的一家被偷了，一些人就会产生恐惧心，害怕自己家失窃。于是，即使把门窗都关好，也担心贼用一种特殊的工具破窗而入。于是，夜不成寐，一有响动就心跳加快，以为和贼有关。甚至风吹了一下窗户，都与贼联系起来。一晚上醒来好几次，爬起来看看窗户是否关了，看看窗帘后是否藏着贼。

由此可见，恐惧心是个体认同虚假事实存在的心理活动。整个过程由个体的想象杜撰来完成，所面对的不是现实，而是思维所构造的事实，这个事实目前并没有发生，对人根本不会构成威胁。用自己构造的虚假事实，完成恐惧对人的折磨。

这种恐惧心的存在，使人心情处于紧张不安状态。每天总是盯住一件事，关注某件事，时间长了，比事实更加可怕。事实发生也不过是一瞬间的事情，而恐惧心则是每时每刻的，对人的伤害是很大的。时间长了导致神经错乱，高度失眠，心情烦躁，不敢面对生活。这真的应了一句话，自己吓唬自己。因为人们所害怕的事情，并非发生在自己身上，但产生了认同感，好像感同身受，预先经历了事实承受过程。

在恐惧心的驱使下，思维特别简单，不放过任何片面的现象，把现象当本质，把想象当做现实，把反常当做常态。著名的成功学家卡耐基说过，人们所恐惧担心的事情，大多不会发生，即使发生了也一定会有办法来应付。李俊花巨资投资了一座煤矿，把机械设备安装好，办好了各种手续后就开工了。可是，正赶上市场不太好，每天堆积如山的煤炭卖不出去。眼看投资数千万元的煤矿每天赔钱，担心银行贷款无法偿还，恐惧不已，甚至想象到破产后银行如何催款，债主如何四处追赶，长时间在这种恐惧不安中度过，人也瘦了，脸也黑了。可是，有什么用呢？谁知两年多后，煤炭市场突然火爆起来，价格翻倍增长，以前堆积如山的煤炭一下销售而空。一年多时间成本就收回来了，此后煤矿利润节节攀升，李俊成为当地的富豪之一。

经过此次风波，李俊终于明白，无端的恐惧心对于人来说，完全没有必要。人所能把握的是今天，明天谁能知道呢？一个人害怕这害怕那，活得多累。与其在恐惧中度过每一天，还不如每天都快快乐乐的，坦然地活着。让暴风雨来吧，让不可知的事情来吧，也许会带给生活变化，但是，也会带来契机。只有变化，才有未来，才有梦想。

恐惧之一叫做预期恐惧，遇到不正常的事情总是往坏的方向想，预测一定是发生坏的结果了。在这种恐惧心的驱使下，人们的心理指向是单向的，简单地说，就是存在心理定式，即不正常一定等于坏事。孩子不回家，不由地想是不是在学校犯错误了，是不是打架了，是不是发生什么事了；家人下班没有按时回家，就想着是不是交通出问题了，是不是与人发生纠纷了，是不是犯什么错误了；晚上接到电话，刺耳的铃声总是让人害怕，心理紧张，预测一定是家里有什么事了，或者单位发生什么事了。

恐惧之二叫做结果恐惧。参加面试，想的是通不过怎么办；上台发言，想的是忘记台词怎么办；登台唱歌，声音颤抖，气短紧张，完全走了调；参加比赛，想的是失败了怎么办，叮嘱自己千万要发挥正常，结果反而缩手缩脚，发挥失常。因为人们太重视结果了，在恐惧心的作用下，反而就发生了所恐惧出现的结果。

结果恐惧是成功的大敌，对人的心理和事业都有不小的危害。因为事业成败对于人生是特别重要的，由于结果恐惧心的作用，往往在人生的十字路口，在决定命运的关头，发挥失常，遭遇失败，不仅失去了机遇，也失去了转机。

恐惧之三叫幻想恐惧。过于关注现在，害怕可能的事情发生，在幻想中恐惧不安，心理处于紧张状态中。有位财主家财万贯，锦衣玉食，可是感觉不到幸福。因为他白天勤勤恳恳，费尽心机，经营着大片家业，累得他腰酸背痛。晚上好不容易闲下来，却又夜不成眠，害怕土匪抢走他的家财，害怕各种名目的税费掠夺他的财富。这样，使他的幸福大大打了折扣。

恐惧之四，患得患失。得不到烦恼，得到了又害怕失去，总是没有心安的时候。李伟大学毕业后分配到基层工作，经过十几年的艰苦的工作锻炼，他取得了一定的成绩，但是，眼看别人都提拔了，他还在原地踏步，不由得异常着急，为自己的前途担忧。正好遇到换届选举，李伟经过自己的努力，担任某县的副县长。履职新的工作岗位后，他发挥自己的能力，把工作搞得红红火火，有声有色。可是，各种各样的会议、业绩考核，突然让他恐惧起来，他怕上级领导批评，又怕民意测验不过关，更怕下次换届选举时落选。本来，副县长是许多人可望而不可即的好位置，他却如坐针毡，度日如年。

如果总是以各种恐惧心理面对生活，面对现实，每天心理空间就充塞着这种负面信息和垃圾情绪，那么生活还有什么快乐可言？在这种压力和心态下生活，时间久了人就变得神经质了，也会产生一种厌世情绪。这种恐惧心理消耗身体的正力量，使身心时时处于紧张状态，真是苦不堪言。

恐惧心理的产生，最根本的原因，还是心理因素。《心经》道："心无挂碍，无挂碍故，无有恐怖，远离颠倒梦想，究竟涅槃。"人们之所以恐惧，实际上就是心中有牵挂，有得失心，如果内心光明无比，无所牵挂，那么何来的害怕？

因此，面对恐惧心理，我们首先是把得失看淡一点，功名成败转头空，风水轮流转，得到是运气，失去是命运，不必常挂于心。其次，要勇敢面对生活的考验，不要害怕，因为你害怕不害怕，不会对结果有任何改善。充分的准备，良好的发挥，才能靠近成功。要保持良好的心态，该面对的面对，该接受的接受，所谓道法自然，心从自然，何惧之有？

第五章 | 品格致胜

品格是人的立身之本，反映了一个人立身处世的最基本的素质和人格。它体现于人们的言行举止之间，对于人生事业的成败起着关键的作用，优秀的品格可以产生巨大的号召力，是做人的标志。

善良

　　善良是人世间最伟大的正力量，是做人的根本。法国作家雨果说："善良是历史中稀有的珍珠，善良的人几乎优于伟大的人。"

　　善是万物产生的母体，是万物生存的根据，是做人最重要的品格，是人生的保护神。

　　善是正力量，是万物成长的要素。日月星辰，大地河流是善的体现，是伟大的善行，是人类效法的榜样。万物生长靠太阳，亘古以来，阳光无私地把光和热给予大地，带来光明，驱逐黑暗，造福人类，毫无要求。大地是善，大地承载万物，生育万类，滋养万物，是人类生生不息的地方。这种至高的善，每时每刻都存在，所以有成语叫做天地良心，把良心与天地联系在一起。孔子感叹地说："天何言哉？四时行焉，百物生焉，天何言哉？"天地如此关爱万物，养育万物，不居功，无所求，多么令人感动。反观有的人对于别人有点小恩小惠，就自我夸耀，甚至希求报答，是多么渺小啊。

善是万物的生存之道。万物生存都有一定的规律，需要遵守最根本的法则，以有益于自身的成长发展。李时珍《本草纲目·禽部》道："慈乌：此鸟初生，母哺六十日，长则反哺六十日，可谓慈孝矣。"意思是，有一种鸟叫做慈乌，幼时母鸟喂哺60日，长大后则喂哺母鸟60日，以报答养育之情。古语有云："羊有跪乳之恩，乌鸦有反哺之情。"羊吃奶时是跪着吃的，乌鸦老了就由小乌鸦捕捉食物来喂食。还有一句话，叫做虎毒不食子，再凶猛的老虎对于幼虎都是一样的爱护有加，承担着天然的喂养责任。动物界的善行，是善的折射，反映了善存在于天地之间，是万物生长的必要前提。正是善的力量带来了万物的繁衍生息，绵延不已。

善是高尚的道德，做人的准则。培根说："但唯有善良的品格，无论对于神或人，都永远不会成为过分的东西。"母爱是善，善待孩子，喂养孩子，哺育孩子茁壮成长。正是伟大的母爱，使人类社会充满着和谐，充满着爱的元素。爱心是善，助人是善，关爱是善，和谐是善，我们的社会离不开善良，如果缺失了善，礼崩乐坏，就是社会的灾难。如果没有善心，没有对于家庭、社会、事业的爱心，是不会有所作为的。如果对父母不孝，缺乏起码的善心，那么对于社会和他人就不用提了。《老子》说："上善若水。水善利万物而不争，处众人之所恶，故几于道。居善地，心善渊，与善仁，言善信，正善治，事善能，动善时。夫唯不争，故无尤。"意思是：上乘的善像水那样。水善于帮助万物而不与相争。它处于人们所不喜欢的地方，所以接近于天地之道。追求善就是要像水那样安于卑下，存心要像水那样清澈，交往要像水那样仁厚，言语要像水那样真诚，为政要像水那样有条有理，办事要像水那样无所不能，行为要像水那样待机而动。正因为不与万物相争，所以没有忧患。

善是世上最珍贵的东西，是最美的品德。善是一种基因，是神秘的细胞，刻录于人类的生命里，融入代代相传的血脉之中。

善与天地的意志相统一，与事物的发展方向相一致，是一种美妙的大道。《老子》说："天道无亲，常与善人。"意思是大自然无偏无私，总是帮助善良的人。《易经》说："积善之家，必有余庆；积不善之家，必有余殃。"意思是不断积累善行的人家，福气绵延，以至于子孙后代；作恶之人不仅自己无福，而且累积子孙后代。纵观许多作恶之人，平时为非作歹，气焰嚣张，一旦东窗事发，身陷囹圄，不仅自己受罪，也牵连到亲戚朋友，使之受累。善要从细微处做起，从小事做起。董仲舒说："故尽小者大，慎微者著。积善在身，犹常日加益而人不知也；积恶在身，犹火之销膏而人不见也。"意思是由小而大，由微而著。积累善行，就像是身体每天长高而自己却不知道；积累恶行，就如灯烛燃烧耗费膏油自己却不觉察。要人们从细微处要求自己，不断积累善行，帮助别人，不要有恶念，不要做坏事。

为人处世，以善立身，与人为善，多做好事，是最起码的做人要求。善是实现理想目标的前提，是人生立身处世的根本。善鼓舞人们担当天下兴亡的责任，为国家和民族的振兴做出贡献；善激励人们学习文化知识，攀登科学高峰，造福人类；善要求人们遵守社会的规范道德，遵守法律秩序，从而最大限度地保护了自己。如果一个人没有善心，作恶多端，那是和这个社会为敌，是向社会秩序的挑战，必然遭受到法律的严惩，沦为社会的败类。

善有善报，恶有恶报。有个成语叫做结草衔环，说的是两个故事。一是春秋战国时期的魏武子的父亲，想让小妾陪葬，魏武子不忍心，就让她改嫁了。后来魏武子在战场上打仗，危急关头，只见有个老人用绳子把敌人绊倒了，魏武子抓获了敌人。原来，这是那个小妾的父亲感念魏武子，化作神灵保护了魏武子。另一个是南朝梁代的杨宝，少年时期看到一只黄雀被凶猛的鸱鸮所伤掉到了树下，被一群蚂蚁困扰，杨宝把黄雀带回家，细心呵护，用黄花喂养，多日之后黄雀伤好后飞走了。有天夜里，有个黄衣童子来到杨宝家里致谢，送给杨保四个玉环，告诉杨宝说他的子孙后代将有福禄。

世间有这样的情况，有的人善良，却生活艰难，有的人作恶，却志得意满。其实，这只是片面的、暂时的。因为，善待生活，善待别人，肯定会受到人们的拥戴，这个过程就是一种福气。作恶的人只是时间问题，一旦有一天暴露，自然会受到生活的惩罚。郑筱萸复旦大学毕业，高级工程师，官至国家食品药品监管局局长，却因为受贿罪和玩忽职守罪，被依法被判处死刑。他竟然利用职务便利，接受请托，为八家制药企业在药品、医疗器械的审批等方面谋取利益，置人民的生命安危于不顾，真是丧尽天良。所以说，人生在世，没有什么可以真正保护能够保护自己的，官位保护不了，强权保护不了，亲友保护不了，只有内心的善良是人生的最好保护神，可惜许多人都给忘记了。

善良是与人交往之道。与善良的人在一起，让人感到踏实放心，如沐春风。善良之人，使我们的生活充满阳光，心灵变得高尚，灵魂变得纯洁，扫去心头的乌云。与善良之人相处，不必设防，心底坦然。贝多芬说："我愿证明，凡是行为善良与高尚的人，定能因之而担当患难。"善良的人以善为本，诚实守信，在你遇到困难的时候，会得到帮助；顺利的时候，会得到真诚的掌声。谁愿意和一个邪恶、凶狠、阴险、恶毒的人打交道呢？不守信用，翻脸无情，唯利是图，处处让人不放心，好像走在布满陷阱的道路上。这个世界，人人渴望美好，渴望善良，善良是社会交往和人际交往的准则，是社会的正力量，失去了善良，还有什么呢？

善良是修身养性的需要，是长寿的秘诀。善良的人与人为善，播种的是善，收获的是爱。作恶的人，阴毒险恶，做了亏心事，只怕有一天暴露，只怕得到惩罚，每天惶惶不可终日，受尽了良心的折磨。所谓为人不做亏心事，半夜不怕鬼敲门。做坏事的人，仅仅是内心的折磨，就使其担惊受怕，如坐针毡，惶恐不安，形销神散。《中庸》道："故大德必得其位，必得其禄，必得其名，必得其寿。故天之生物，必因其材而笃焉。故栽者培之，倾者覆之。《诗》曰：'嘉乐君子，宪宪令德。宜民宜人，受禄于天。保佑命之，自天申之。'故大德者必受命。"意思是有大的善行的人必定会得到应有的地位，必定会得到他应得的禄位，必定会得到显赫的名声，必定会得到应有的寿命。所以，上天生养万物，必定根据各自的材质而加以帮助。能成材的得到培育，不能成材的就遭到淘汰。《诗经》说："优雅的君子，有光明美好的善德，善待人民，享受上天赐予的福禄。上天保佑并授命于他，秉承上天的旨意。"所以，有至善的人必定会承受天命。

信用

　　信用，是人生大厦的基础，是人性品质中的瑰丽珍品。

　　什么叫信用？信用就是一个人履行自己的诺言，取得信任所得到的评价。

　　信用是人的品格，虽然看不见摸不着，在人们的生活中处处可以体现出来。人无信则不立，信用显示了人格的完整性，形成了人格魅力。海涅说："生命不可能从谎言中开出灿烂的鲜花。"只有信用才使人生有着美好的未来。

　　小时候听过一个故事，很有意思。一天，曾子的妻子准备去赶集，由于孩子哭闹要跟去，妻子告给孩子说，我从集市上回来后杀了猪给你吃。妻子从集市上回家后，只见曾子把猪绑起来要杀。妻子赶忙制止说："我不想让孩子去，只是说说而已。"曾子说："既然说了就要做到，不能失信于孩子。孩子不懂事，凡事跟着父母学。你不遵守诺言，等于是教孩子不守信用。"于是曾子把猪杀了。当时，我认为曾子真有点小题大做，为了不经意的一句话，何至于杀猪呢？可是，随着年岁的增长，感到曾子做的没有错，因为信用是人们的立身之本。孩子从小耳闻目睹，如果幼小的心灵里受到污染，将是人生的最大损失。

　　人们是依靠着自己的信用与人交往的，信用就是无声的语言，是一个人的品牌。只有你的行动讲信用，才能取信于人。

　　周幽王有个宠妃叫褒姒，嫁给他后从来没有露出笑脸。有个谋臣给周幽王出了个主意，让他点燃都城的烽火，以博褒姒一笑。于是周幽王下令在都城附近烽火台上点起烽火，诸侯们远远看到烽火，以为是国家发生了战争，率领将士们马不停蹄，火速赶来援救。诸侯赶到都城时，周幽王却告给诸侯不过是一场玩笑，传令诸侯各自带兵回国。褒姒看到夜色中诸侯们慌慌张张的样子，不由露出笑容。几年后，都城受到西方少数民族的大举进攻，周幽王忙让人点燃边关报警的烽火，可是诸侯们一个都没有来，他们还以为是周幽王又在开玩笑，以赢得褒姒的喜悦。周幽王在强敌面前兵败城陷，自刎而死，褒姒成了俘虏。

　　有个成语叫一诺千金，说的是秦朝末年，有个人叫季布，言而有信，只要他答应的事情，肯定能够践行，威望特别高。当时民间流传说："得黄金百斤，不如得季布一诺。"他曾经参加项羽的军队，多次出谋划策，打击刘邦的军队。刘邦胜利后悬赏捉拿季步。当时，许多人感念季步的信义，冒着生命危险保护季布。后来，他辗转到山东一个姓朱的财主家做工，这个财主明知他是季布，却毫不避嫌，而且还长途跋涉到洛阳，找到汝阴侯夏侯婴说情。经过夏侯婴对刘邦的劝说，不仅取消了对于季布的悬赏令，而且让季布担任郎中的官职。由于季布为官清廉，做到了河东太守。

一个是草民百姓，一个贵为国君。讲信用的人，在生命的危急关头，不仅得到人们的保护，而且化险为夷，开始了新的人生道路。而不讲信用的周幽王，却落得个国破身亡的下场。

人们要做事，要合作，要交往，首先要有信用。信用是做事的前提，是成事的良好开端。不讲信用，不能立身，更难以成大事。

信用是社会机制得以运行的保障，是现代生活须臾不可或缺的基石。科技的发展，互联网的普及，信用卡的运用，都在考验着人们的诚信，人们的社会交往和经济往来，时时刻刻都与信用相连。如果不遵守社会的信用机制，现代社会的经济活动将无法正常运行，人们将处于纷争之中，社会将会面临危机。在银行办一张信用卡，可以按照相关条件刷卡消费；经商时把货发过去，必须相应收到对方付给的货款，前提就是信用。现代社会庞大的商业机器的运转靠的是什么，就是人世间最珍贵的品德——信用。

信用是无形的财富，是广大的人脉，是人间正气，是正力量。现代社会，信用对于人们的成功更有着重要的意义。

2012年阿里巴巴的零售总额超1万亿元人民币，折合1570亿美元，超越美国电商巨头Amazon与eBay之和。阿里巴巴董事局主席马云很自豪地说："我最大的财富是朋友，如果要离开这个公司，我跨出这个门，相信拎起电话，1000万美元就会在三天内到账。"马云不仅在商界有郭广昌、丁磊、沈国军、柳传志、马化腾、马蔚华、牛根生、王石等朋友，在艺术界还有陈凯歌、冯小刚、于魁智、李连杰等许多朋友。这种气魄，这种人脉，让人叹服。马云在卸任阿里巴巴CEO演讲中说："我从没想过在中国，大家都认为这是一个缺乏信任的时代，但居然你会从一个你都没有听见过的名字，闻香识女人这样人的身上，付钱给他，买一个你可能从来没见过的东西，经过上千上百公里，通过一个你不认识的人，到了你手上，今天的中国，拥有信任，拥有相信，每天2400万笔淘宝的交易，意味着在中国有2400万个信任在流转着。"马云的成功靠什么？就是信用，人和人之间的诚信。

有信用才有威望，不论什么人，无论什么职业，一旦失去了信用，谈不上威望了。每个人立身处世，没有威信就没有号召力，没人听他的话，那么，什么事也不会办成的。一个人失去了威信，也就失去了基础，得不到大家的支持拥护，即使民意测验也过不了关，更不要说提拔和任用了。你自己干自己的也许还凑合，但是，想要干一番大的事业，做出大的成绩，没有别人的合作是根本不行的。合作的前提就是信用，合作的力量就是威望，你如何号召人，动员人，心往一处想，劲往一处使，就看你的威望如何。

战国时期，秦孝公任用政治家商鞅进行改革。商鞅担心朝廷上下难以推行新政，于是叫人在国都南门竖了一根三丈高的木头，并说："谁能把这根木头扛到北门去，就赏十两金子。"人们议论纷纷，认为把这根木头送到北门太容易了，无人相信，认为只是开玩笑而已。人们互相观望，就是不动手。商鞅知道老百姓不信，就把赏金提到五十两金子。人们更加不信了，此时，人群中有个人站出来说："我来扛吧！"说完后就扛起木头向北门走去。人们成群结队跟着前去，看是否能得到赏金。那人把木头扛到北门后立刻得到了50两赏金。这件事传播开来，立即轰动了都城，人们认为商鞅是个言而有信的人。商鞅借机颁布新的法令，实施变法，取得了成功，使秦国经济发展，军事强大，国力大为增强。

信用是人的自律，是人对于自己的严格要求。人在做，天在看。没有权力约束，没有法律条文，依靠的是高尚的品格。权力能够发号施令，但是，真正能够征服人心的还是威信。人生要做一番事业，把志同道合的朋友，把各种力量凝聚起来，实施伟大的人生计划，靠的是什么？就是自己的信用。

信用不仅仅是一种社会关系，也不仅仅是一种交易方式，它更是人类社会的一种价值观。诚实守信得到社会的推崇和信任，失信则将受到谴责和孤立。当人们都认同并遵守这种价值观和道德准则的时候，社会信用环境就会优化，失信的行为就会减少。

不守信用是人生潜在的失败。有的人自以为聪明。认为地球上这么多人，即使一天骗一个人，一辈子才能骗3万多人，骗也骗不完。这真是掩耳盗铃，自欺欺人。民间有句话，抓不住小偷，是因为不到时候。你可以骗一个人两个人甚至几十个人，但是，骗得了一时，骗不了长久。一传十，十传百，很快就会露出原形的。

信用出了问题，就是人品出了问题，谁还会和他来往呢？谁还会和他打交道呢？在现代社会，通讯如此发达，媒体如此多元化，一条微博刹那间就可以有成千上万的点击率；一则要闻，各大网站随时就可以铺满，这样的人可谓无处可藏，难以遁形。

信用是人生的无价之宝，信用的缺失，是人生最大的失败。大仲马说："当信用消失的时候，肉体就没有生命。"对于不守信用的人，人人避而远之，在社会上没有立足之地。

包容

包容是个体容纳事物的度量，反映了个体的见识和胸怀。

包容是个体生命存在的前提，没有包容就没有生命的诞生。生命是一种容纳，是彼此的包容。生命就是在母体的包容和呵护下孕育诞生的，也是在父母的包容中健康成长的。婴儿的哭闹、身体的娇弱、蹒跚的学步，渗透了父母的心血，体现了人世间最珍贵的情感。哪个生命不是在父母的怀里、呵护中长大的？

人生需要伟大的包容。具有包容心，才能成就事业，在这个社会中更好地生存，实现自己的理想。

草木有情皆长养，乾坤无物不包容。仰观宇宙，俯视大地，草木生物，飞禽走兽，污泥浊水，都存在于大地之上，都被大地所容纳。不弃小草，不偏大树，小至细菌病毒，大至人类巨兽，都被大地所包容。

包容是宇宙的意志，是生命的真谛。有了包容才有了宇宙，有了丰富的世界，有了人类历史和文明的进程。大自然中没有任何一种动物能够独立存在，生物链条是如此神奇，花草树木，飞禽走兽，都是人类生存的依赖，如果这个星球只剩下人类存在，也就是人类的毁灭之日。

有容乃大，有多大包容心，做多大的事业；有多大的包容，有多少正力量。包容就是调动一切积极的因素，化解生命的阻力，将其全部整合为一种力量，推动事业的前进，开拓人生的疆土。林则徐说："海纳百川，有容乃大；壁立千仞，无欲则刚。"他把这副联作为对于人生的自勉，显见他对包容心的深刻理解。

魏征是唐代的名臣，早年值隋末战乱，曾投瓦岗起义军。后来担任唐太子李建成的洗马官，曾经劝说李建成杀害秦王。唐太宗玄武门之变后，命人把魏征抓来，唐太宗生气地责问魏征："你为什么挑拨我们兄弟的关系？"魏征神态自若，大声抗辩说："可惜太子没听我的话，要不然也不会有你的今天！"众人听了都捏着一把汗，认为魏征说话大胆，必死无疑。可是，唐太宗见魏征性格耿直，很有胆识，不但没有处罚魏征，反而任用他为谏议大夫，后来担任宰相。魏征胸怀大志，胆识超群，在任职的几十年间，先后向唐太宗进谏了200多次，与唐太宗一道开创了大唐"贞观之治"的辉煌盛世。唐太宗高度评价魏征说："以铜为镜，可以正衣冠；以古为镜，可以知兴替；以人为镜，可以明得失。"

包容不仅弘扬正力量，也可以把负力量转化为正力量。有人对于反对者视为异己，有人容不得别人说不同意见，可是，唐太宗把曾经献计杀害自己的魏征委以重任，担任治国的宰相，作为自己的左右臂，视为人生的镜子，差别何其大？这也是唐太宗之所以名垂千古的原因。

自豪杰以至圣贤，未有不得力于包容之心者。汉代蔡邕说："夫其器量弘深，姿度广大，浩浩焉，汪汪焉，奥乎不可测已。"比喻人的度量宽广，无法预测。古往今来成大业者，无不具有包容心，而小人因不能容人容事，终致人生和事业的失败。韩信忍胯下之辱，包容了那个欺负他的无赖，而成西汉开国功臣，如果他当时拔刀相向，互相厮杀，倘有不测，哪有以后风光无限的韩信？勾践忍亡国之恨，对吴王夫差恭恭敬敬，卧薪尝胆，终于灭掉吴国。若如一般人不能容人，处处树敌，因小忿而拔刀，因小气而不乐，何能干出事业，取得成功？要知道，遇上不顺心的事时，正是修炼人生、锤炼自己性格的时机。人生若能过了"生气"之关，何事不能成？

人生首先要学会容人，学会与不同的人相处。社会是由各种各样的人组成的，你无法改变别人，也无法改变社会的结构。要想在社会中生存，活得更好，唯有融入社会，包容形形色色的人。同在一个蓝天下，抬头不见低头见，每个人不可能不与人打交道。你不能选择环境，也不能选择社会，社会就是由不同的人组成的。既然生活在社会当中，就免不了遇到性格各异、人品有别的人。我们要学会尊重人，就要承认个性，包容不同风格的人。

老武是个做事认真、心思细腻的人，在公司办公室工作。他的办公桌总是收拾得干干净净，整整齐齐，凡经手的文件都存放得有条不紊。公司有个老员工，每次到他办公室找文件时，翻来翻去，搞得很乱，说了几次也不听，还不高兴。老武对此人有了成见，一见了就生气。两个人闹得很不愉快，甚至见了面躲着走，老武心里生闷气。公司选拔干部，老武是后备人选，很有竞争力，结果竟然落选。老武想不明白，后来才知道那个老员工是个小心眼的人，联合几个人反映他不能团结群众，从中作梗，使他落选。

仅仅为了办公室的一件小事，容不下一个老员工，竟然因此落选了，真是划不来。无非是乱了再放整齐而已，能有多大的事呢？何至于如仇人一样，形同陌路，互相拆台呢？

容人，实际上就是团结人，就是形成生活的合力，从而减轻生活中的阻力，把阻力化作正力量。缺乏包容心，往往无形中带来生活的阻力，给明天埋下祸患。有的人习惯于用狭隘的眼光看待世界，根据自己的喜好与人相处。这也看不惯，那也不入眼，好像就是自己对，自己就是衡量事物的标尺。试想一下，你看不起人，人能看得起你吗？己所不欲，勿施于人。

没有包容心，会给生活带来潜在的祸患。有的人与人相处，因一件小事就生气，就愤恨，斤斤计较，睚眦必报；有的人因为别人的一句话，就铭记在心，难以忍受，结果酿成大祸；有的人因为一件鸡毛蒜皮的事情，互不想让。同是人类，为什么就不能忍一忍、让一让呢？有个人上街买了几斤水果，回家后发现有的坏了，就去退换。卖水果的人不让，两人就争执起来，大打出手，一人顺手就拿起西瓜刀向对方砍去，对方倒在血泊中。紧急送往医院，抢救费花了5万多元。几斤水果和5万元，孰多孰少？几斤水果与生命，孰重孰轻？如果有一人包容些，怎么会发生这种悲剧呢？

谚语道：恶人胆大，小人气大，君子量大。所以说，容人即容己，爱人即爱己。你如何对待别人，别人就如何对待你，因为你就是别人眼中的"别人"。你不理别人，别人就不理你；你容不下别人，别人当然容不下你；你躲着别人，别人就会离你远去，你就有可能成为孤家寡人，成为一个被人抛弃的人。

人生在世，哪能事事如意？哪能人人敬你？凡事要学会宽容，许多事情是不能计较的，计较起来就没个完。把眼光放远一点，心胸开阔一点。多一些包容，少一些争吵；多一些包容，少一些埋怨；多一些包容，少一些猜疑；多一些包容，少一些摩擦；多一些包容，少一些忧愁。你若包容，整个世界都是你的美好家园。

包容是人生的美德，只有那些小人才斤斤计较，缺乏包容心。安徽省桐城有个六尺巷，建于清朝康熙年间，原本此地为清代文华殿大学士张英的府邸。张英在朝廷做官时，安徽桐城的家人和邻居因建房占地闹起纠纷，互不相让。家人便给张英写信讲了此事，请他出面干涉。张英看信后，没有倚仗权势欺压邻居，而是给家人回信说："千里来书只为墙，让他三尺又何妨？万里长城今犹在，不见当年秦始皇。"张家人看完，便主动让出三尺空地。邻居也深受感动，也将墙退回三尺，两家和好如初，这就是"六尺巷"的由来，成为流传至今的佳话。

包容是人生随身携带的宝贝。对于人生有无穷的益处，包容的人每天高高兴兴，生活过得有滋有味；缺乏包容的人四处为敌，每天在仇恨中度过，伤害自己，伤害别人，污染环境，破坏"生态"，受到人们的排斥和厌恶。

拥有远大志向的人，都是具有包容心的人。他们看得更高更远，不会为眼前的小事所干扰，不会为小事而耽误了人生的伟大事业。站在黄河边，看黄河以雷霆万钧之势滔滔不绝，滚滚向前，一泻千里，东流入海。黄河包容着沿途的一切，如泥沙、石头、山脉、溪流等，如果不裹挟这些，也不能成其滚滚之势。正所谓君子气量大无边，容天容地容万物。别让人生在毫无意义的"狭隘"之中损耗掉，不要辜负只有一次的生命。

包容心是成功者必须培养的一种品格，是人生必备的素养。包容心使我们的生活化解了许多不必要的矛盾，减少了人生的许多阻力，使个性得到充分发展，使生活充满了阳光。

我能行

天下事是天下人来做的，我为什么不行？面对人生，面对世界，要勇敢地喊出：我能行！

我能行，体现了勇气和胆识。

人生的历史是由自己创造的，生命的价值必须通过自我努力得到实现。

无论面对任何困难，一句"我能行"，唤起的是生命的强大力量，唤起的是人生的自信；一句"我不行"，道出的是人性的懦弱，失去的是宝贵的机遇；一句我不行，别人就把你看低了，成功就与你擦肩而过了。

命运是公平的，因为社会这个大舞台会提供很多机会，只是有的人把握住了，有的人空手而归。大多数人并非没有能力，而是缺乏自信；并非没有未来，而是害怕未来，因而失去了未来。

缺乏自信，是最大的负力量，消磨人生的意志，使情绪变得低沉，使人生活在压抑当中。生活在一个五光十色的社会，百舸争流，人潮涌动，精彩的人生的主角就是自己。可是，有的人由于缺乏自信，总是不登场，不演出，一辈子做一个旁观者，屈于人下，过一种眉高眼低的生活。

有个故事，一只幼鹰被人捉住后，放在鸡栏里，一直和鸡在一起觅食。鹰每天和鸡抢食，学着鸡的样子啼鸣，叽叽喳喳，走起路来也是摇摇摆摆，似乎与鸡没有什么区别了。鹰长大后，主人把鹰从鸡群里赶出来，想让它在蓝天高飞，可是，鹰不仅不飞，而且又回到鸡群里。长时间地与鸡相处，鹰认为自己就是鸡，不会飞，和鸡没有什么区别。主人没有办法，带着鹰来到了悬崖边，望着深不可测的山下，他狠了狠心把鹰扔下去了。鹰在下坠中使劲挣扎，求生的本能使它终于展开翅膀，用尽全力拍打着空气，在悬崖边飞起来了，一飞冲天！

这个故事告诉我们，一个人面对人生，不相信自己，把自己定位于没有能力的人，那么，很可能他就是没有能力的人，于是就真的成为一个平庸的人。

你是自己的命名者，人生定位权利的是自己，而不是别人。别人看不起你，说你是什么人，并不一定，如果你也小看自己，否定自己，那么就很危险了。遇到事情就退缩，碰到困难就往后躲，这其实是一种心理疾病。这样的退缩、回避，不仅使自己永远地躲到后台，失去了人生舞台，而且渐渐丧失了本来具备的生存能力。

雪压冬梅梅更艳，秋染枫叶叶愈红。沧海横流，方显英雄本色。越是艰难的时刻，越是困难重重，越是显示才能的时刻，此时此刻，众人面面相觑，你要勇敢地站出来，大声说让我来，我能行！在别人看来，你也许很普通，或者笑话你逞能，可是，你得到的是难得的机会，你获得了命运起飞的平台。

毛遂是战国时期平原君赵胜的小小门客，多年默默无闻，平庸无奇。公元前257年，秦军主将白起率兵攻打赵国，包围了赵国都城邯郸。大敌当前，赵国危在旦夕。平原君奉赵王之命，去楚国求兵解围，并订立合纵盟约。平原君从门客中挑选20人前去楚国，可是，只挑选了19人，尚缺一人。这时，毛遂从人群中站出来，大声说："我愿跟随前去，完成订立盟约的任务！"平原君说："你到我门下几年了，怎么没有听说过你？"毛遂说："三年多了。"平原君说："有才能的人就如锥子放在布袋中，在人群中显露出来。你来了三年我都没有听说过你，看来你没有能力。"毛遂说："如果我早就处在布袋中的话，就会像锥子一样显露出来。"于是，平原君带领毛遂等人一同出使楚国。到了楚国，平原君和楚王从上午谈到中午毫无结果。毛遂大步跨上台阶，大声对楚王说道："出兵的事，非利即害，非害即利，简单而明白，为何议而不决？"毛遂上去对楚王分析了赵国和楚国的利害关系，一番话打动了楚王，答应马上出兵，与赵国联合抗击秦军的进攻。平原君感叹道："毛遂出使楚国，大振楚国国威，三寸之舌，强于百万之师。"

假如毛遂在关键时刻，不以"我能行"的姿态迎接命运的挑战，就不会脱颖而出。平原君的门客众多，没有我能行的自信和勇气，是永远不会被发现的。

机不可失，时不再来。机会是人生的转折点，是命运的按钮，如何把握机会？就是要相信自己，勇敢地冲上去，迎接命运的挑战。不相信自己，是什么事情都干不成的。你想想，遇到机会，多少人都奋不顾身，竞争激烈，你如果往后躲，连最起码的参与资格都取消了，又何谈把握机会？

我有个朋友叫齐勇，曾经是水利工程建筑公司的财务科长，在单位干了有三十多年了。后来，一个偶然的机会，一个领导问他能不能干了工程，他信口就说行。其实，他只不过是搞财务出身，对工程略知一二，揽下工程后，他请工程师，边学习，边解决问题，最后保质保量完成了拦河修坝的工程。后来，有一宗修建铁路立交桥的工程，几个国营大公司因为技术原因都不敢承揽，齐勇听说后自告奋勇承揽了这个工程。从此起步，他的工程越搞越大，水利工程、高速路等都有涉足，在业内颇有名气，几年后资产就达到千万元。

我简直不相信，齐勇作为一个财务人员，不仅涉足了水利工程，而且敢于承揽铁路工程。但是，齐勇不仅干了，而且工程被评为优质工程，我问他，你懂得水利工程吗？他说我确实没有干过，可是，我想干，我相信自己一定能干好。尤其是承揽铁路立交桥，对我更是个考验。我请工程师绘图纸，监督施工，把大公司不敢承揽的工程胜利完成了，赢得了信誉。

敢于迎接命运的挑战，对人生的逆境说不，不仅改变了命运，而且激发了潜能，放大了人生。人生啊，有些事情你不干，就无法施展自己的才能；你不干，你不知道你有多大的能量。生命的光彩，全靠我们自己去描绘。

相信自己，就能创造奇迹！相信自己，就拥有未来！人生来就是要创造奇迹的。我们要勇敢面对世界。

你可能听说过盲人弹琴、拉二胡，你听说过盲人书画家吗？一般人认为，盲人看不见怎么能写字？至于画画就更加不可想象了，因为画画要用色彩，线条之间要连贯，这对于盲人来说简直是不可能的。沈冰山是著名的盲人书画家。沈冰山是福建诏安县人，二十多岁双目失明。他是象棋高手，可一人同时与三人对阵搏杀，常被邀请到厦门、潮州、汕头和高人过招，曾经获得京津沪等十省市盲人象棋比赛季军。《象棋牌局百花谱》一书收录了沈冰山命名的残局"双献美酒"，曾被东南亚、港台地区的华人报刊和国内数家媒体刊载。他曾经在福州、上海、北京举办了三场书画展，沈鹏、吴冠中等书画名家悉数到场。著名画家范曾在巴黎博览会上看到沈冰山的画，欣然在画上题字："胸中有大千光影，笔下见如来智慧。"中国艺术研究院美术评论家郎绍君评价沈冰山的画作气势连贯，妙在别人不敢为之处。

一个盲人不会画画写书法是很正常的，一般人都能理解。可是，沈冰山不仅画画写书法，而且成了书画名家。沈冰山成为书画家靠的是什么？就是坚信"我能行"！他自幼有个梦想，就是长大后当书法家、画家。由于双目失明，他的梦想迟迟没有实现。时光荏苒，到了53岁时，他的梦想更加强烈，于是，拜自己的外甥董希源为师，学习中国画。可是，盲人怎么作画呢？沈冰山作画时，他想了个办法，运用下象棋时的"摸盘布局"，把画纸作为棋盘，数十个点、线以及界河、九宫格，作为构图的坐标系。画前他先以手忖度，确定结构走势，然后完成自己的画作。正是这种执著的信念——我能行，我一定行，使他取得成功，使梦想变为现实。

任何时候，哪怕是最艰难的时候都要相信自己，对人生充满信心。

这使我想起影片《泰坦尼克号》中一个感人的场面，大船即将沉入大海时，人们惊慌失措，纷纷跳到大海里。长夜漫漫，大海茫茫，浊浪滚滚，人头在水中浮浮沉沉，破损的船板四处飘动，生的希望如此渺茫。杰克攀爬在船板上，用尽全身的力量，深情地鼓励情人罗丝："任何时候，哪怕在最绝望的时候，都不要失去希望，都要坚持下去！"抱着一块破船板的罗丝吃力地点点头，随着船板漂移。后来，经过漫长时间的坚持，在一大片漂浮的尸体堆中，罗丝终于被前来救援的人发现了，挽救了宝贵的生命。倘若罗丝有一点信心不足，有一丝一毫的绝望，就会像其他人一样，被茫茫的大海所吞噬。

一个人一定要有"我能行"的意识。我能行，是成功者的重要品格，是正力量的出发点。它使人生在最艰难的时期，拥有自身的正力量，焕发生命深处的活力，去迎接命运的挑战，战胜自然界的艰难险阻。

优秀

优秀是人品的体现。

有的人往人群里一站，就显得气势不凡，鹤立鸡群；有的人一做事就和别人不一样，表现得比别人强。

优秀就是无论做任何事情，都要按照高标准要求自己，做到更好。

你表现得优秀，你就是优秀的；你始终保持优秀的习惯，你就是优秀的。

优秀并不难，就看愿意不愿意严格要求自己。其实，人们只要稍微多付出一点，就可以把事情做得更好些，可是，这往往被许多人忽视了。办公室本来可以收拾得整整齐齐，赏心悦目，可是，宁可上网或者闲聊也不去做；练习书法，每个笔画本来可以都写好，可是写写就不注意了；做事本来能够做到更好，可是，应付就了事了。而一旦应付成为一种习惯，潦草成为一种品质，那么，就会给人一种不好的印象，被归入了另类。

同样做一件事，花费的是同样的时间，要做好一点、优秀一些。所以，不妨更努力些、更尽力些，这样做，对于能力是个锻炼，对于心理是一种满足感，对于别人是责任心的体现。只要我们稍稍努力点、细心点、完美些，就会有完全不一样的效果，何乐而不为呢？记得去某地下乡时，到了一个印刷厂装订车间，许多女孩子都紧张地工作着，有的面无表情、有的心无旁骛、有的又忙又乱。其中一个女孩子对于每个工序都那么认真，那么仔细，脸上洋溢着一种阳光般的清爽，我一下子就被吸引了。面对这种又苦又累的工作，能够做到那么认真，那么舒心，这个女孩子的性格一定是优秀的，生活一定会美好的。

人和人的区别，就体现在平常的做事上，体现在生活的细节上，体现在我们人生的每个行为上。由此推开来讲，一个人的品质就是从对待每件事的态度上和用心上表现出来。由此，我想既然是写字，不妨写好点；既然是写材料，就写得充实些；既然在办公室，就把办公室整理的整洁些；既然帮助人，就做得周到些，花费同样的时间，我们完全可以做得更好。

时时处处，用优秀来要求自己，督导自己，那么就是一个优秀的人。

优秀是对自己的负责，对于生命最大的珍爱。一个人的责任心体现于自己的优秀之上。没有优秀，一切都是假的。一个对自己没有责任心的人，不要指望他会对社会、家人、朋友负责任，尽本分。孝敬父母，如果父母不能享受现代文明带来的物质财富，甚至连住房都没有，或者寄人篱下，谈何孝心？你说你爱家人、爱妻儿，如果他们不能正常地生活，如果缺乏一定的经济地位和社会地位，遭到的是白眼和小觑，那么你这种爱是假的，是空的，至少是有缺陷的。现代社会是一个日新月异的社会，长江后浪推前浪，各领风骚三五年。你如果不努力，不优秀，很快就会落伍，遭到淘汰。

优秀激发了正力量，是人们奋进的动力。做任何事情做到更好，超越别人，就会祛除身体内部的惰性，因而远离平庸、懒惰、消极、无为的行为和心态，使人生始终处在奋进中，一路前行，保持自己的优势；做任何事情做到更好，这是发自内心的渴望，这种渴望将会调节身体内部的积极的力量，激发人们以饱满的热情对待自己的事业和人生,从而最大限度地发挥自己的能力和水平;做任何事情做到更好,将会提升生命的标尺,达到人生的高度,让我们向着更高的目标奋进,超越别人,超越自己。

优秀是起点,不是终点;是过程,不是结果。当人们仰望成功者头顶的光环,羡慕他们所取得的业绩的时候,恰恰忘记了成功者曾经所作出的努力,所付出的汗水。有人总是无端地感叹生活,膜拜成功者表面的光耀,而不是真正脚踏实地像成功者那样,每一步都坚实,每一步都优秀。据说唐代诗人李白小时候不爱读书,特别贪玩。一天,趁老师不在,悄悄跑到学堂外去玩耍。这时,看到一个老婆婆在石头上磨一根铁杵,李白很奇怪,问老婆婆道:"你拿着这么粗的铁杵磨什么?"老婆婆说:"我在磨针。"李白吃惊地问:"哎呀!铁杵这么粗大,到何年何月才能磨成针?"老婆婆语重心长地说:"只要天天坚持,铁杵就越磨越细,自然就变成针了。"李白听后想到学习不也是这样吗,只要每时每刻努力读书,就会学有所成的。

成功者不是一步登天,而是"步步登天",每一步都向着人生的目标努力奋进。只有每一步都走好,都做得优秀,才会达到最终的优秀。事业如文章,只有每一字每一句都写好,自然整篇文章就写好了;人生如摩天大楼,只有每一块砖每一寸墙都足够的坚实,才能有高耸入云的高大壮伟。杜甫在《寄李十二白二十韵》诗歌中赞扬李白的才华:"昔年有狂客,号尔谪仙人。笔落惊风雨,诗成泣鬼神。"这样的才华,就是李白从小努力，时时坚持的结果。总结人生，我感到那些成功的人，首先时时处处都是按照优的标准严格要求自己的人，只有这样，日积月累，自然就成功了。

优秀创造了机会，抓住了机遇。无论是考试、还是就业，无论是升职还是选举，选择的都是优秀的人，都是用优秀作为衡量标准的。不优秀的人，默默无闻，平平庸庸，怎么能够显示出自己呢？怎么能够出人头地呢？谁能否认，在高考中金榜题名的人往往就是那些平常学习优异的学生，在竞聘之中入选的人就是那些平时就很卓越的人，取得人生成功的人就是那些平常就比别人强的人？有句话说，平时不用功，临时抱佛脚。那些能取得成绩的人，其实都是平常就做到优秀的人。运动场上的健将，就是那些平时就跑得快的人，就是那些平常就是冠军的人。如果平常都不能超越别人，崭露头角，那么到比赛时连参赛的资格都没有，更遑论其他。

优秀不是突然出现的，而是时时事事都表现得优秀换来的。身边有一种现象，人们在赞赏优秀的人时，总会说这个人平常就特别努力，一直都很用功。如果平常做事就浮皮潦草，马马虎虎，是不会取得优异成绩的。那些优秀的人绝对不是天生的，是一点一滴的努力换来的，是来自灵魂深处的强烈的期盼。我有个朋友叫王国卿，生在晋南，长在农村，高中毕业后考入军校，曾在政府机关工作，现为某大型企业高层领导。记得在乡村上学时，他就特别用功。到了部队后，经常发表文章，表现优异。复员之后，曾经在政府部门工作，成绩突出。无论在农村，还是在哪个部门工作，他的勤奋努力，表现优秀，都是有目共睹的，所以，才取得今天的成就。人们的眼睛是雪亮的，谁能行谁不行，在成长中就可以看出来，在每件事上都能看出来。

优秀并非高山仰止，而是存在于我们的身边。优秀不是成功者的桂冠，不是天才的专利，而是普通人随时都可以做到的，关键在于我们做不做。我观察有的孩子写作业，只见手不停，可是半天也写不完，这是为什么呢？原来，快是快，就是写得歪歪扭扭，写错了一个字涂了重写，反反复复。甚至写了多半页了，由于把作业本涂得乱七八糟，只好撕了重写。我劝导孩子，别着急，认真写，争取每个字都写对写漂亮了，形成习惯，学习就会很优秀的。由小孩写作业想到，人们之所以不成功，原因在于许多人都存在这个毛病，对待生活的每件事情，马马虎虎，应付了事，而不是想着把每件事做好，做到优秀。

人常说，熟能生巧，这句话并不见得对。比如写字，许多人上幼儿园就写字，可是到高中毕业，以至于大学毕业，写了二十几年了，还是把字写得很难看，东倒西歪，问题就出在不是按照优秀来要求自己的。我练习书法时选的是王羲之的《兰亭序》，练了两三年总感到进步不大，拿上作品让一位书法家杨金彦指点，他看了后说练书法时不是每天练多少字，而是要做到每个字、每个笔画都要写好，都要达到原帖的要求，要有形似，更要神似。如果一味地追求数量，每天写多少字，练多少张纸，而不在每个字上下功夫，是不会练好字的。每天哪怕练上5个字，只要把这5个字写好，一年下来就1800多字。练书法时，首先要身正，凝神屏气，认真读帖，其次心摩手追，力透纸背，一个字就是一个字，把一个字认真写好，胜于潦潦草草写上十个字。

每个人都可以优秀，每个人都可以轻松地做到优秀，关键是从细节和每件事上做起。

所谓的优秀，就是时时处处对自己严格要求的人，在每件事上都要求自己做到最好的人，在细微之中就超越别人的人。优秀不是突然来临的，也不是人生的运气，更不是博彩般的偶然，而是在自己身上所显示的对于人生的态度和专注。英国作家萨克雷说："播种行为，收获习惯；播种习惯，收获性格；播种性格，收获命运。"我认为还应当加上一句：播种优秀，收获成功。不管你性格如何，习惯如何，重要的是要做到优秀，在现代社会，我们没有理由不优秀，优秀是改变命运的神秘的力量。金子才能闪光，钻石才能耀眼。本身不优秀，说什么都没有用。如果是泥沙破石，那么只能做铺路的材料，是不能摆上高贵的殿堂的。

冰冻三尺，非一日之寒。人生的正力量来自哪里？就是来自平常的积蓄，来自一分一毫的积累。人能走多远，不要问双脚，要问自己。古今中外，凡是能成大事者都有一种优秀的习惯，立志成才，奋力向前，哪怕时运不济；遇到挫折，永不绝望，哪怕天崩地裂。正所谓，兰生幽谷，不为无人佩戴而不芬芳；月挂中天，不因暂满还缺而不自圆。桃李灼灼，不因秋节降至而不开花；江水奔腾，不因一去不返而不东流。

差之毫厘，失之千里。不要小看这句话，人和人的差异本来是很小的，而往往命运的改变，就来自我们平常不注意和努力的细节。把做好每件事，变成做人的一种品质，那么还愁什么？

其实，你如果能这么做，本来就已经优秀了。

倾听

人世间有一种高贵，叫做倾听。

倾听是做人的重要品质。一方面是对人的尊重，体现了涵养，另一方面言为心声，思想是无价之宝，在倾听中得到了知识和教益。具有倾听的品质，可以得到心灵的甘露，思想的交锋，提升人生的境界。

人们都知道，谦卑的人，是伟大的人。谦卑体现出来的是谦虚，对别人的敬重。

敬人者，人敬之。对别人的尊重首先就是就是学会倾听。如果和人谈话时，漫不经心，似听非听，不仅对人不尊重，而且得不到收益。

有个故事，听人一言，救了两命。有父子两人在山脚下挖窑洞，越挖越深，外边累积了一大堆土。有个乞丐讨饭经过这里，口干舌燥，向挖窑洞的人讨一碗水喝。儿子不耐烦，对乞丐不理不睬。父亲看到乞丐很可怜，就停下工作走出窑洞，从水盆里端出一碗水让乞丐喝水，并勒令儿子暂停挖窑洞，把烧饼拿出来给乞丐吃。儿子虽然不高兴，可是父命难违，很不情愿地从窑洞走出来。谁知，儿子刚离开窑洞，窑洞就轰然倒塌了。父子二人吓出一身冷汗，后怕不已，对乞丐连连道谢。乞丐笑着说，我路过这里，看到窑洞顶上往下掉土，担心有危险，于是就向你们讨水喝，多有打扰。父亲感慨道，听人一句话，保住两条命。儿子低头不语，对于自己的行为感到内疚。

当局者迷，旁观者清。我们要得到旁观者的提醒，就要善于倾听旁观者的话语，才能有所受益。而有的人，由于身在事中，心烦意乱，听不得别人的半点意见，甚至把别人善意的提醒当做了恶意，在错误的道路上越走越远，最后付出了惨重的代价。

倾听的人，是有福气的人，是得到财富的人。

一句话带来了财富，一句话抓住了机运。我有个朋友是著名作家，曾经获得全国小说奖。多年笔耕，有了一定的积蓄。一次，上海的一个作家来访，喝茶聊天，海阔天空的文学谈话之后，无意间聊起房价，说上海的房价已经长到一万多一平方米了，一问本市的房价，才三千多一平方米，大为惊讶。就劝我朋友说钱放着也是放着，很容易贬值的，不妨把手头的钱买房做些投资。于是，我这个朋友果真在市中心繁华的商业街，买了一套一百五十平方米的房子。几年后，房价直线上升，已经到了每平方米八九千了。有人要出高价买，我这个朋友还不卖呢，把房子装修好后做了书房。

仅仅是闲聊中听了朋友的一句话，于是买了一套房，这套房子如果卖了就可赚到七八十万元，远远超过多年稿费的收入。真是辛苦多年，不如听进去别人一句话。

一个人即使知识再多，也不过是一个人的知识，毕竟是有限的，而世界上有千千万万的人，学会倾听就会拥有千千万万人的知识。

你的知识再多，滔滔不绝，口若悬河，不让别人说话，你还是那么多的知识。如果，如果学会倾听，得到的就是更多的知识。

孔子说："三人行，必有我师。"就是告诫人们，要以学生的姿态虚心地对待别人，把别人看做老师，吸收别人的知识。我们和人交往，主要就是语言的交往，没有语言将寸步难行。人们的知识就是在交谈中流露出来，不可能随身携带一张纸一支笔，给你写出来，整理好，只有你用心倾听，才能获得知识。那么，这就要求我们学会倾听，具有倾听的能力。

倾听的人，是好学的人。人们对于自己的缺点总是顽抗地坚持着，这是人的劣根性，也是人生失败的原因。谈起孩子，大人总是抱怨孩子不听话，可是，大人就听话吗？学会了倾听吗？现代教育要求家长赏识孩子，不要伤孩子的自尊心，可是，一看到孩子的考试成绩单，就是忍不住火气，轻则抱怨，重则打骂。要求孩子做到的你做到了吗？比如按时起床，遵守良好的作息时间，不要浪费时间。

我们发现，学习好的人，首先是会倾听的人。在课堂上聚精会神，专心致志，听老师讲课，是课堂纪律，也是好学生的标志之一。差学生都是不认真听课的人。老师辛辛苦苦讲课，有的学生却在做小动作，一句话也听不进去，肯定不会学习好的。

倾听不仅是一种姿态，更是一种行动。对于每个人来说，学会倾听，要落实到行动上，才算是真正的倾听。比如，从小就受到的教育是"好好学习，天天向上"、从小就听大人说"一寸光阴一寸金"、从小就听人说"笨鸟先飞"等等，这种话不知听过多少遍，甚至耳朵都听得起了茧，可是几个人听进去了呢？哪怕听进去一句，持之以恒，始终恪守，也不至于如今现在这个样子了。

人有一张嘴是说话，有两只耳朵是听话，而且还有心灵在记忆。人们骂人说不长记性，意识就是别人说了记不住，不听话；人们说某人闲言碎语、喜欢翻闲话，意思是不会听话，该听的听，不该听的也听；人们说兼听则明，偏听则暗，意思是要全面地了解，不能偏听一方的话；人们说善于交流的人不一定是滔滔不绝的人，也许是学会倾听别人诉说的人。可见听话是一门艺术，是智慧的提升，是沟通的学问。

人的一生不知说过多少话听过多说话，人生就是在说话听话和行动中度过的。想想我们的生涯，一举一动，无论在学校还是在家里，无论在单位还是在社会，父母的话、老师的话、兄弟姐妹的话、朋友的话、同事的话、上级的话、陌生人的话等等，与人打交道，都要用语言发生关系，我们认真"听话"了吗？言为心声，听话就是在与别人进行交流，就是通往彼此心灵的桥梁，我们能不重视别人的话语吗？听而不闻，嘴上答应，点头称是，转过眼该怎么做还怎么做，这叫听话吗？古人云，朝闻道，夕死可矣。话里有人生，话中有真理，话中有财富，话中有智慧。

有道是闻君一席言，胜读十年书，说的是与有智慧的人在一起听他一席谈话，豁然开朗，人生境界大大提高。又道忠言逆耳利于行，良药苦口利于病，对人有用的话语往往是逆耳之言。项羽如果在鸿门宴听进去范增的话，那么就不会全军覆没，落得个"力拔山兮气盖世，时不利兮骓不逝。骓不逝兮可奈何，虞兮虞兮奈若何"的结局，爱妃不保，自杀乌江。因此，智者告诫人们逢人只说三分话，不可全抛一片心；又告诫人们闻过则喜，有则改之，无则加勉等等。

学会"听话"，才能学会说话。话外之意，弦外之音，话中有话。关于说话包含了太多的技巧和权谋，如果我们不会听话，不会辨识别人所说的话，是说不好话的。所谓察言观色，就是这个道理。有人说，会说话的叫辩才，会听话的才叫智者。可见，学会听话对于我们来说是多么的重要。学不会听话，连话都听不进去，就谈不上说话。有的人该说的说，不该说的也说，轻则没有城府，重则毁掉事业和前途。

只要把对于人生有益的话真正听进去，落实在言行举止上，那么，每个人都会成功的。只是，大多数人，可以说是99%的人，一生都学不会听话，那些金玉良言、那些飞珠溅玉的话，对于他们来说置若罔闻，所以一生劳劳碌碌，一无所成，因而失去了人生的机会、贵人的帮助、高人的指点。命运对于每个人都是公平的，即使乞丐也可以富可敌国。在人生的关键时刻，如果"听话"，人生就会有天壤之别了，可惜的是，许多人就是不"听话"。

从人的成长来说，在婴儿时期，不会说话前就具有听力了，在听话中才学会了说话和表达能力。然而，终其一生来说，扪心自问，我们真的会"听话"吗？如果我们真的"听话"，那么人生将会最大限度地成功，最小限度地失误。可惜的是，普天之下，上至庙堂之高，下至草门百姓，都不会"听话"，于是天下攘攘，纷乱不已，英雄末路，红颜垂泪，道德沦丧，世风日下，路有冻骨，狱囚权贵。

有智慧的人都是善于倾听的人。可是，你会倾听吗？能听到吗？听了之后能够付诸行动吗？

语言是交流思想表达感情的工具，人类的思想依靠语言为载体，智慧隐藏在语言之中。我们要提高自己的能力，必须学会倾听，具有倾听的基本素质。

第六章 | 思考智慧

思为心上田，思乃心灵之疆域。思考出智慧，思考是人的本质特征之一。人类的思想、科学、文明都是思考的结晶。没有思考，就没有人类的文明。

正思维

同样是人,为什么有的人快乐,有的人烦恼;有的人聪明,有的人愚昧;有的人成功,有的人很失败?

原因就在于思考能力如何。

人是有思想的动物,人之所以区别于其他动物,最重要的一点就在于人有一颗会思考的大脑。没有思想的人,不会思考的人,沦为生活的工具,和动物能有什么区别呢?

因为思考,我们认识了世界;也因为思考,我们认识了自己,笛卡尔甚至说:"我思故我在。"用什么验证人们的自我存在呢?就是思考。因为一个不会思考的人,是一个没有灵魂的人,只是大地上行走的高等动物而已。

正思维最先是佛教提出来的。佛教从人生的修行来讲,对于思维提出了观点。佛教认为:"由正见增上力故,所起的无嗔恚、无害想,是为正思维。"正思维是建立在对于世界的智慧上来的。《大毗婆娑论》说："由正见故，起正思维。"对宇宙世界要具有正确的认识和观点，洞察人世的苦集灭道，了解事物的无常变化，证得万物之间的因果，透过现象看本质，才能得到正见。佛教强调，个体思考世界时，要改变对于事物的偏见，消除贪嗔痴的情感因素，对于事物进行全面的观察、思考，从而得出正确的见解。在这里，需要指出的是在思考时，要客观地看待问题，祛除个体的情感因素，不要因为受到个体的杂念而影响了正确的思考判断。正思维要求人们的思维模式合乎客观规律，符合正知正见。人的思考与认识密切相关，无知的人、带着偏见的人不可能有正确的思维。坚持正思维，就是要去掉内心的偏见，破除无知，这样才能拥有思维的正力量。

　　快乐是幸福的源泉，也是幸福的目的。可是，真正的快乐来源于正确的思考。只有拥有了思考的智慧，才能具有真正的快乐。生活中的痛苦、烦恼、忧愁，大多是思考造成的。有的人愁眉苦脸，心结难解，苦思冥想，都是因为思考出了问题。人们的心理疾病、亚健康状态、精神压力都和思考有关，如果具有正确的人生观，正确地思考看待世界，所有的心理疾病、亚健康状态、精神压力都会自然减缓和根除的。

　　因为思考出了问题，所以才想不开。因为想不开，才带来了心理疾病、精神压力、亚健康状态。所以说，心理咨询、思想工作、开导说服等，其实都是一个目的，就是引导人们正确地看待生活，面对生活，思考生活。

　　要解决人的问题，首要要解决思考的问题。要想让人们接受一种观点，必须使对方心悦诚服，这就要求让人对事情有个正确的思考，从而得出正确的结论。强扭的瓜不甜，试图通过强权、威势、暴力等手段压制人，强行接受是行不通的。最好的办法，就是把思考问题的方法教给人们，和你一样思考。

精神的力量是巨大的。人就是活个精神，没有精神一切就都完了。正确的思考，使我们获得精神的力量，具有了主观能动性，化作改造世界，改变命运的无穷的力量。错误的思考，是阻碍人们事业成功的负力量，给人生带来无穷的危害。这是显而易见的，当人们因为痛苦、烦恼、忧愁折磨自己的时候，那种锥心的疼痛，痛不欲生的感觉，衣带渐宽，面黄肌瘦，甚至想不开而致病，想不开而犯罪，都是思考的结果。错误的思考得出错误的结论，导致错误的行动，南辕北辙，适得其反，走得越远越错误，付出越多越惨败，岂不令人感到正思考的重要性？

人们的聪明与否不是天生的，关键在于有一个会思考的大脑。不思考，不动脑筋，什么也做不成。高尔基说："懒于思索，不愿意钻研和深入理解，自满或满足于微不足道的知识，都是智力贫乏的原因。这种贫乏用一个词来称呼，就是愚蠢。"不思考的人是榆木脑袋，不开化，不智慧，只能在现实面前碰壁。所以说，思为心之田，心灵的田园只有经过思考的耕耘，才会收获人生的智慧。没有思考，心灵将荒芜一片，人生也没有活力，没有前途。

人生的价值就在于思考，所有的人生的壮举都是思考的结果。

　　事业、梦想、理想诞生于思考之中，没有思考，就没有人类的进步，也没有丰富的物质文明和精神。人类历史上，科技发明、思想进步、文学艺术都是思考的结晶；改变历史进程的举措，诞生于思考中；每个人的命运的改变，也存在于思考中。

　　正思维是以正确的思维方式，面对人生和世界，激发思维的正力量，指导人们的行动，做出正确的抉择，提升人们的精神境界。

　　思考是生存的必要前提。现代社会科技的迅猛发展、工作的高要求、对于工作的能力的把握，时时刻刻都需要用思考做出判断。没有思考，就如汽车缺少方向盘，必将寸步难行。对于人生的见解、人际关系的处理、对于工作的策划、对于机会的把握，都需要人们做出思考。

　　思考是能力的见证。考察一个人能力如何，首先看具备不具备思考力，思考力的强弱，决定了能力的高低。思考都不会的人，别期望会干好什么事情。缺乏自己的见解，人云亦云，做应声虫，也许看起来听话，便于管理，但是，这种人是无法担当重任的，也是不能独当一面的。有些领导喜欢用听话的人，而不是用具有独立思考能力的人，至少说明这种领导没有远见，只是贪图权力而已。武大郎开店，把比自己强的人都排斥在外，把能人都驱逐出去，剩下的就是侏儒，这样的单位是没有创造力的，也不会有什么前途。因为，思考是超越现实的，是对于明天的展望。

现代社会的竞争，不是冷兵器时代的赤手空拳，而是思维的竞争，思想的竞争，见识高低的竞争。四肢发达，头脑简单，在这个社会是无法适应的。一个人，只有具备会思考的大脑，才能真正站立起来。

思考是衡量一个人素质的最基本要求。一个懂得思考的人，一个正思考的人，是具有创造力的人，是做好任何工作的保障。

知识就是力量，这句话从思维方面来说至少是不全面的。因为，知识没有思考作为前提的话是不会有任何作用的，应当说，经过思考的知识才是真正的力量。因为知识如果不指导人们的行动，顶多是书柜而已，正是思考真正地发挥了知识的作用，改变了我们的生活。人们说有的人是书呆子，并不是这个人没有知识，而是说不善于思考，将知识通过思考转化为工具。一个人的能力并不取决于知识的多少，而在于思考力如何，善于思考才是发挥知识的关键。生活不是书本，不是学生背书。为什么说，秀才造反，三年不成，那是因为秀才仅仅有知识而没有实际能力。有的人学富五车，才高八斗，顶多只是个教书匠而已，而有的人也许知识不多，却善于思考。当二十多岁的爱因斯坦提出相对论的时候，他并不是物理学界知识最多的人，知识最多的是那些白发苍苍的教授。但是，爱因斯坦具有思考力，通过思考发现了震惊世界的相对论。正如爱因斯坦说："想象力比知识更重要，因为知识是有限的，而想象力概括着世界的一切，推动着进步，并且是知识进化的源泉。严格地说，想象力是科学研究中的实在因素。"

人类历史上的发明创造就在于思考。没有思考，就没有发现；缺少思考，就缺少真知灼见。历史上哪一个发明创造不是依靠伟大的思考而来的？当一个苹果落地的时候，牛顿开始思考了，然后发现了万有引力；当烧开的水震动茶壶盖的时候，瓦特坐在旁边开始思考了，于是，人类历史上有了蒸汽机；当鸟儿抖动翅膀飞过高高的蓝天时，智者开始思考了，人类有了飞机，等等，等等。这些司空见惯的事情，就在我们身边存在，每个人都经历过，可是，如果没有思考的话一文不值，加上了思考，就加快了人类文明的进程，改变了人类的历史。

思考是伟大的，思考是文明的前提，思考是人类历史的推动力。

作家的感动心灵的作品、科学家的发明创造、艺术家的创作、政治家的治国安邦的智慧、战略家的伟大决策，都是正确思考的结果。华罗庚说："独立思考能力是科学研究和创造发明的一项必备才能。在历史上任何一个较重要的科学上的创造和发明，都是和创造发明者的独立地深入地看问题的方法分不开的。"

思路决定出路

人生不在你拥有什么,而在你有什么思路。

这个世界上,每个人都随身携带着不可替代的珍宝,那就是思考。思考是所有成功的出发点,是破解所有难题的金钥匙。没有思考,就没有明天;没有思考,就没有成功。当人们思考的时候,上帝就会意地微笑。

在人生面临抉择的时候,思考改变了人生,迎来了命运的转机。我有个朋友叫赵亭,是个流浪诗人。他原来在一家煤矿上班,编辑一张企业小报。微薄的工资、诗人的性格,使他决然离开了那个煤矿。记得他前几年背着绿色的挎包,穿梭于省城和县城之间,想到省城寻求发展。他的日子很苦,有时甚至没有钱坐车。生活的苦难、艰辛,锤炼了他的诗歌,也改变了他。如何发展呢?他想经济发展必然会带来收藏热,于是他拿出自己的积蓄,收购和经营明清之际的古书,赚一些钱。在这个过程中,他又开始做书画生意。就这样,他的生活从此改变了。最传奇的是,他收购的明清之际的著名书法家傅山的八条屏,后来价格上涨到800余万元。如今,他已经是当地炙手可热的收藏家了。

一个辞去工作后流浪的诗人,十多年后拥有近千万资产。靠的是什么?就是思路。他不满足于工作,不满足于仅仅写诗，当生活处于穷困之时，毅然选择了古字画这个行业，从此掌握了命运。

山重水复疑无路，柳暗花明又一村。智者不是一味抱怨命运，而是思考人生，寻找出路。

思路不同，财富不同，生活的质量自然也不同了。相比之下，我有个同事工资高，就是把钱放到银行吃利息，多年过去了只拥有一套住房。辛辛苦苦，省吃俭用，随着物价的上涨，使他感到恐慌。好的思路，改变了生活，是多少辛苦也换不来的。

可惜的是，生活中许多人由于跟不上时代，不改变思路，付出了比别人多几倍的努力，得到的却很少很少，甚至是负数。

思路决定出路，也决定财富的出路。有些人拥有成千上亿的资产，结果转眼间财富易手，成为别人的囊中之物，这是为什么呢？思路出了问题。有的人拿钱炒股，股市大跌赔光了；拿钱投资企业，企业没有效益，资不抵债；拿钱赌博，梦想赢上千万亿万，结果输得只剩下裤子。

有什么样的思路，就有什么样的事业；有什么样的事业，就有什么样的人生。人生的成功与否不在于起点如何，而在于思路如何。错误的思路使人失去拥有的一切，沦落为穷愁潦倒的失败者。好的思路化劣势为优势，改变了人生的命运。

伟大的发现总是来源于一颗善于思考的大脑。有人说，世界不缺少美，缺少的是善于发现美的眼睛。化学元素在常人看来就是单个的元素而已，可是，在门捷列夫看来，就不同了。从事化学研究的科技人员成千上万，单单是门捷列夫发现了元素周期表，而不是其他人。关键在于是否善于发现问题，思考是科学发现的翅膀。

门捷列夫从事化学教学工作。化学元素是学习化学的基础内容，自然界有多少化学元素，各元素之间有什么关系，如何发现新的元素，这些问题在当时的化学界还是个谜。门捷列夫选定这个难题，下决心要找出化学元素的共性，探究化学元素之间的规律。他把每个元素都记在卡片上，研究每个元素的化学特性，可是，一次次都失败了。但是，他坚信自己的研究，认为化学元素之间一定存在着某种规律。为此他去了法国、德国、比利时等国家学习，考察这些国家的化工厂、实验室等地方，为他的研究提供了帮助。门捷列夫回国之后，每天在研究室进行研究分析，试过各种方法。他测量元素的原子量，他想何不把元素按照原子量的大小排列起来呢？这个思路，对于元素周期表发现起了重大的作用。比较元素的原子量的大小，门捷列夫发现性质相似的元素的原子量并不相近，于是，在此基础上研究元素的原子量与化学性质之间的相互关系，经过研究和思考，他把所有的元素按照原子序数排列成表，发现了元素周期表。

元素周期表的发现，被认为是化学史上的一个伟大的创举，揭示了自然界物质的内在联系，反映了物质世界的统一性和规律性。根据元素周期表，矫正了许多元素的原子量，对于发现新的元素起了重大的作用。既然元素是按照原子量的大小排列，那么，两个原子量相差数量较大的元素之间，可能存在没有被发现的新元素。门捷列夫据此预言了类硼、类铝等元素。

有的化学家根据元素周期表，发现了镓、钪、锗等元素。

思考指向心理预期和愿望的实现。有机化学中的苯分子结构的发现，是一个很有趣的故事。19世纪中期，当时所有的化学实验都显示，碳在有机化学反应中呈链状结构，但是，对苯的实验发现，苯的6个碳原子没有形成链状结构，那么组成的苯的碳原子和氢原子是如何排列的呢？面对挑战，有的化学家苦思冥想，思路不开而退却了。德国化学家凯库勒坚信碳链理论是正确的，先后提出了数十种苯原子结构的排列方式，但是经过验证后都排除了。一次，凯库勒在马车上睡着了，睡梦中他发现苯原子来回排列，如一条长链翩翩起舞，像蛇一样扭动。突然，蛇头伸向自己的尾巴，形成一个圆圈。凯库勒在梦中惊醒，灵感来临，他激动地说，我发现了苯分子结构了，它是一个链式的环状结构！

从凯库勒发现苯分子结构开始，人类对于有机化学的研究进入了一个新时代。许多化学家借用了凯库勒的环状结构的思维方式，进一步提出了平面网状、立体网状等有机物质结构理论，为人类探索生命运动，研究蛋白质、核酸等大分子结构，奠定了牢固的基础。

思考产生智慧，思考带来灵感。没有思考，没有那种苦心孤诣、执着不止的思考，就不会有伟大的发现。有的人在困难面前动摇了，在难题面前止步了，其实，这正是命运的转机，正是思考大显身手的时候。汗水流了，心血付出了，可是，没有收获，没有发现，这时就要开动大脑，认真面对现实，理清思路，归纳头绪，重视细节，用心灵去面对世界。

什么叫灵感？有的人把灵感归结为运气，有的人把灵感归结为神灵的启迪，有的人把灵感归结为智慧，其实，灵感就是思考的极致。当人们对某种事物进行思考时，倾注了全部的精神和知识，心灵与事物内部达到了神秘的沟通，从而产生了感应。虽然，灵感的来临有些神秘，甚至如幻如梦，稍纵即逝，忽然而来，忽然远去，但是，只要人们全身心地去思考，去探索，去努力，就一定会捕获灵感的。智慧的来临、难题的豁然贯通、精神的美妙境界，首先要归结于长期思考，苦思冥想的精神活动，没有精密、系统、敏锐的思考，没有这种艰苦的精神活动，是不会有灵感的。

灵感带来的是创造和智慧，是最佳的答案、心灵的开悟、精神的愉悦、思维的出路，这只有认真思考的人才会有此妙遇，得到神会。

思考给人们打开了一个未知的世界，开辟了全新的领域，化解了难以克服的问题。一个人的素质如何，思考力是衡量的重要的标志，只要有了思考力，人生就会有一个美好的未来。

积极思维

人生分两种，一个是积极的人生，一个是消极的人生。

哲学家说："一个人永远活在他自己的思想、信仰、理想与哲学创造出来的环境中。"积极的人生给人带来快乐、健康和成功，消极的人生带来痛苦、疾病和失败。

积极的人生来源于积极思维，没有积极思维，就没有积极的人生。

看一个人有没有前途，要看他是什么样的思维方式；一个人是否可以担当重任，就看他是否拥有积极思维的能力。

我欣赏这样的人，眼睛里闪烁着光芒，谈话中流露出坚定的自信，浑身洋溢着积极向上的精神。

积极思维是成功者的首要标志，一个人成功与否首先要看有没有积极思维。相信自己，从光明的一面看待问题，对待人生，是成功的出发点。对待世界抱有悲观的态度，凡事从消极的一面看问题，是走向失败的症结。消极思维是一种负力量，使人失去自信，内心虚弱，丧失斗志，不战而败。一个具有消极思维的人，世界是灰色的，人生是暗淡的，不用别人，自己就打败了自己。

有个故事说，有个秀才进京赶考，路过一家旅店，做了三个奇怪的梦。一个梦是站到墙上种白菜；一个是在下雨天，头戴斗笠，手上打着伞；一个是与心爱的表妹在一起，两人脱了衣服背靠背睡觉，互不搭理。秀才醒来后怅然若失，不知梦预兆着什么意思，是不是与赶考有关。于是，到了街上找到一个算命先生解梦，算命先生听后，掐指一算道："今年考试没戏，肯定名落孙山。因为墙上种白菜那是白费劲；戴着斗笠却打着伞，那是多此一举；和梦寐以求的表妹相聚，却背靠背睡觉，不是没戏吗？"

秀才听了后垂头丧气，回到旅店就结账退房，准备收拾东西回家。店主很奇怪，问道："千里迢迢进京赶考，为什么却放弃了呢？"秀才告诉了弃考的原因，店主一听就劝阻道："你千万不要回家，今年肯定金榜题名。我也懂点周公解梦之术，你分析一下，墙上种白菜，不是'高中'吗？戴着斗笠又打着伞，不是有备无患吗？和表妹背靠背，不是你翻身的机会来到了吗？"秀才听后满脸的愁云顿时消散了。过了几天，他充满信心参加了科举考试，结果考中了进士。

由此可知，世间的事情在于人们的思维，你从积极的方面看，世界就是光明的；从消极的思维出发，前途就暗淡无光。同样的一个梦，秀才如果听了算命先生的一番解释，背起包袱回家，不仅失去考试机会，而且十年寒窗的苦读毁于一旦。幸亏有店主给予秀才一种积极思维的理念，使秀才从消极思维的心态中摆脱出来，一举成名天下知。积极思维和消极思维带来的是两种完全不同的结果，令人深思。

所罗门说："他心怎样思量，他的为人就是怎样。"

始终充满着希望，对生活充满信心，你就会发现世上无难事。困难是弹簧，你强它就弱。许多事情看似艰难，其实做起来并没有想象中的艰难，只要开始做了反而感觉很轻松。如果采取消极的思维方式，预先设置多少困难，这样的话，还没有做就已经被困难吓倒了。

人们的失败从哪里来？就是从消极思维而来。有的人看世界总是采取消极思维的方式，看到的都是消极的一面。他们有个先入之见，这也不行，那也不可能。生活如此悲观，只有更加失望下去。他们总是对于人生存在那么多的痛苦烦恼，也许一个困难解决了，看到的则是更多的困难。任何时候看问题都不是从积极的方面看，而是从消极的方面看，因此人生总是存在着痛苦和悲观情绪。

我有一个朋友，孩子读小学四年级，期末考试数学95分，语文88分。她一看分数气不打一处来，说有的同学数学考了99分，你怎么才考了这么点分数？语文连90分都不到，长大怎么办呢？还靠父母吗？看来长大后只能扫大街当乞丐了。她越想越气，茶饭不香，痛苦地告诉我："看来孩子给毁了，这一辈子失败了。"一副伤心欲绝的样子。这样的思维方式，搞得孩子也很痛苦，见了她就像老鼠见了猫似的，害怕不已，甚至有恐惧症。

我告诉她，闻名世界的天体物理学家霍金，小时候学习并不好，是班上同学们经常嘲弄的对象。他12岁时，甚至同学们用一袋糖果打赌，说他绝对不可能成才。俄罗斯总统普京从小就不听父母的话，小小年纪竟然夜不归宿。上小学时，不遵守课堂纪律，做小动作，是老师头疼的问题学生。爱因斯坦小时候就比较笨，三岁时都还不会说话，到了十岁才勉强上了一所小学，学习成绩并不很理想，可是，这些并不妨碍他们成为世界历史上的伟人。

一次考试，怎么可能限定未来？小学的成绩，怎么可能等于将来？成绩差的学生，难道会永远差下去吗？

教育真正可怕的不是以考试论成败，而是消极思维的灌输。消极思维主导下的孩子，人生是消极的、悲观的、自卑的，一旦形成了心理定式，那么，孩子才真正地危险了，这才是教育最大的失败。

用积极思维的方式看待孩子，鼓励孩子，这次考不好下次继续努力，只要孩子有点进步就加以肯定，带给孩子的是一种信任，孩子获得的是一种正力量。反之，无论孩子进步与否，都苛刻要求孩子达到最好，打击孩子，吓唬孩子，这样孩子的世界就是悲观的世界，因为他无论如何努力，都会受到训斥和否定，他永远不会使你满意。孩子正是人生观和性格形成的时期，一定要灌输给孩子一种积极的人生观，热爱学习，热爱生活，而不是消极思维。

积极思维给人生带来的是美好，消极思维是心灵的毒药，剥夺了今天的幸福，毁掉了美好的明天，抱着这种思维方式生活无异于慢性自杀。人生的失败和灰暗，也许还有别的原因，但是重要的原因就是消极思维造成的。人不是缺乏能力，而是缺乏积极思维；不是缺乏机会，而是缺乏对于机会的认识。当消极思维充斥了一个人的内心，那么失败和厄运从此就降临了。

消极思维的方式表现为：一是对待事物总是盯着消极的一面，看不到积极因素；二是放大消极因素，在想象中打败自己；三是内心充满消极的情绪，害怕恐惧，被动挨打。四是对待困难不是寻求解决的方法，而是逃避退却。有个心理学的问答题，老师拿出一张白纸，用墨水在纸上点了一点，问考试者，在白纸上看到什么，大多数人说看到一个黑点，老师说，这么大的一张白纸，你们看不到白色，看到的竟然是一个黑点，可见，你关注什么就看到什么，生活也是一样啊。你关注痛苦，看到的是痛苦；关注忧愁，你就忧愁；关注失败，失败就来了。

现实中可以见到这样的人，总是愁眉苦脸的，时间长了眉头挽了一个结，成为八字眉。好像人生有无穷无尽的痛苦，有永远解不开的心结。我认识一个人，挺高的个头，可是，走路时却弓腰驼背。什么时候看到他都是低着头走路，好像地上有金子似的。某行政机关选拔干部，经过努力准备，先民意测验，再进行演讲打分，结果他意外落选了。他特别泄气，认为这次落选后，以后恐怕再也没有机会了，这一辈子就定了，只能当个小科员，过着一种仰人鼻息的生活了。他感到好像天塌下来一样，不去单位上班，恐怕别人看他的笑话。就这样，每天抽烟喝酒，借酒消愁，自甘沉沦了。

消极的思维方式，使人经常处于悲观状态中，对于健康有着极大的危害，所谓笑一笑，十年少，愁一愁，十年老，就是这个意思；消极的思维方式，使人失去朋友，失去合作者，试想谁愿意每天在痛苦中生活呢？消极的思维方式，破坏了人们的心态，摧毁了对于生活的信心，消耗身体的正力量。

从辩证法看来，任何事情都是辩证的，没有绝对的好坏，没有绝对的消极。只要你用积极思维的方式看待世界，就会看到积极的一面、光明的一面、美好的一面。从发展的眼光看问题，没有一成不变的东西，只要人们努力，一切都会改变的。抱着积极的、奋进的态度对待人生，明天就会越来越美好。这个世界上，没有什么不可以改变，乞丐可以成为富翁，奴隶可以成为将军，流浪汉可以成为皇帝，差学生可以成为科学家，秘诀很简单，就是用积极思维的方式去生活，去奋斗，去实现梦想。

积极思维给予人的是精神的能量，增加了克服困难的勇气和能力，使人们的内心更加强大，唤醒了存在于事物内部的潜在的力量，调节和整合了各种积极因素，使事物向着好的趋向发展。

无论世界多么复杂，事情千头万绪，实际上凡事无非两个方面——积极和消极。进一步是积极思维，退一步是消极思维。积极思维让人走向胜利，消极思维消磨人们的意志，使人走向悬崖。

你若面对太阳，你看到的是光芒万丈；你若转身，看到的是长长的阴影。生活就是如此。

破除我执思维

固执的人，离地狱最近。

人生之苦来源于我执思维，没有我执思维就没有烦恼。

世间的痛苦、烦恼、错误、失败，都与思维有关。

我执思维是固执地坚持一己之见，听不进去任何意见。这种思维是直线式的思维，一意孤行，不会转弯，坚持到底，绝不回头。一旦错误铸成，消耗了大部分精力，对人生的打击是巨大的。

有个女孩王艳在上网时，喜欢上了一个网名叫沙漠之鱼的人。沙漠之鱼的空间放了许多照片，又帅气又英俊。两人聊了一段时间，沙漠之鱼邀请王艳见面。见面后王艳发现沙漠之鱼长得又瘦又小，和照片不是同一个人。沙漠之鱼邀请王艳到高档酒店吃饭，出手豪绰，一掷千金，声称家族开一家大公司，资产上亿。王艳不知不觉地相信了沙漠之鱼的话，经常和他出双入对，甚至耽误了学业。

父母知道了这些，坚决阻止王艳继续和沙漠之鱼来往，说他既然有公司，可从来没有让你去他公司看过，肯定是个骗子。与王艳关系要好的同学了解后，极力劝王艳不要和这种人来往，说你至今没有去过他家，他却不断向你借钱，这种人绝对不能相信。父母又让亲友劝导，讲道理，摆事实，可是王艳不听，认为沙漠之鱼能说会道，跟了他肯定幸福。越劝导，王艳越固执，甚至以泪洗面，非沙漠之鱼不嫁。有次，沙漠之鱼说家里管得紧，手头没有钱，急需10万元周转一下，让王艳帮忙想办法。王艳钱不够，于是，就找同学七借八凑，满足了沙漠之鱼的要求。之后，沙漠之鱼就消失了，王艳到处找不到。父母知道后到派出所报案，经审查，沙漠之鱼原来是个无业游民，先后以同样的手段诈骗了受害者80余万元。从噩梦中醒来的王艳，深受刺激，精神恍惚，家里只好让她休学养病了。

陷入我执思维的人，坚信自己是对的，死死抓住一己之见不放，别人的劝告、忠言、开导，无异于对牛弹琴，水泼不进，针扎不入，丝毫不会影响他的思维。其实，这个时候，思维已经短路了，凝固了，或者说洗脑了。直到付出了惨痛的代价，为时已晚，大梦醒来迟。

强调正思维，就是要人们不要固执自我，不愚痴，不嗔怒，不偏邪，清净光明，明鉴是非，才可能得到真知灼见。可是，固执己见的人，一旦进入一己之见的怪圈，怎么也想不通，怎么也解不开，思来想去，千头万绪，自己与自己较劲，自己折磨自己，内心被固执的阀门堵住了，负力量越聚集越多，极大地伤害了身心健康。

刘喜海自小深受传统教育，忠厚老实，淳朴善良。他在外打工，吃苦耐劳，通过自己的努力使家里过上了小康生活，供养三个孩子上了大学。大孩子大学毕业后找了一份体面的工作，干得有声有色，几年后任命为单位的科长，每次回家都开着小车，让人羡慕不已，刘喜海的脸上也挂着自豪的笑容。可是，孩子由于在工作中滥用职权，挪用公款，被纪检部门双规了。邻居们议论纷纷，刘喜海脸上挂不住了。他不相信孩子会犯错，一连多天去找有关部门理论，结果事实是无情的，这让刘喜海一下子承受不住，感到无颜见人。他每天苦思冥想，怎么也想不通，甚至想到了自杀。妻子开导他，兄妹安慰他，都不起任何效果。他执著一个念头，孩子进了，这一辈子岂不毁了？孩子毁了，他活着还有什么意思？就这样，由于过度伤心，得了脑血栓，虽然抢救及时，但是身体瘫痪了。

两年后，孩子出狱了，由于失去了工作，他和朋友们开了一家电脑软件公司。由于在学校学的就是计算机专业，经营得当，公司利润直线上升，不到三年，就买了办公楼，开上了价值数十万的小车，比以前在单位更加风光了。可是，遗憾的是刘喜海却躺在病床上，虽然有笑，但却是苦笑。

正是这种我执思维打垮了刘喜海。人生谁没有闪失？怎么犯了错误难道就永无出头之日？跌到了爬起来，人生也许更加精彩！刘喜海沿着他的思维，把自己推向了病床。他就不想想，脸面重要，还是健康重要，脸面还不是摆给别人看的；孩子出了事，只要能够吸取教训，人生还会有机会的；世界这么大，即使失去了工作，还愁没有出路吗？可是，刘喜海固执地认为一步定终身，一步走错，毁掉一生。无论人们怎么苦口婆心，想尽办法与他沟通，他都固执地拒绝了。到了病床上想开了，可是已经付出了沉重的代价。

骄傲的人被骄傲打败，有声誉的人被声誉打败。紧紧抓住一个观念不放，认为是千真万确的，别人都是错误的，并且关紧了内心的大门，拒绝与人交流，听不见任何声音，自己折磨自己，自己使自己痛苦，怎么都想不开，用一条无形的绳索把自己捆紧，直到窒息，绝不放手。

这就是智者所说的"无明"，即蒙昧无知，自以为是，是一种负力量。《唯识述记》云："烦恼障品类众多，我执为根，生诸烦恼。若不执我，无烦恼故。"一切我执之人，不知道世界是变化的，没有一成不变的东西，不知道所有的东西都是一定时间一定环境的产物，随着时间地点和条件的变化，一切都会发生变化，所谓此一时也，彼一时也。执著一时一地之得失，固守一时一事之观念，不知变通，痴痴不放，最终付出了惨重的代价。

聪明人都不是固执己见的人，固执己见的人都是失败的人。

《老子》道："天下柔弱莫过于水，而攻坚强者莫之能胜，以其无以易之。弱之胜强，柔之胜刚，天下莫不知，莫能行。"水无形无色，随物而变。放在盆里就是盆的形状，放在茶杯里就是茶杯的形状，可是，水却有排山倒海，摧枯拉朽之势，任何东西都无法阻挡。这是因为什么呢？就是水善于变化，不固守一隅，顺势而为，恩泽万物。水从来都处于卑下的地位，而不高高在上。人们如果能够认识水的特性，少一点固执，就会得到无穷的受益。

伍子胥是战国时期楚国人，在宫廷斗争中，父亲被杀害，家族被灭亡，只身逃到吴国。他具有治国安邦的才能，帮助吴国的公子光发动政变，登上国君的宝座，这就是吴王阖闾。后来，吴王阖闾发动战争，攻入楚国都城，灭掉楚国，帮伍子胥报了杀父之仇。吴王夫差继位，伍子胥又帮助吴王夫差灭掉了越国，却没有杀掉越王勾践，伍子胥多次苦苦劝谏吴王夫差杀掉越王勾践，永绝后患。可是，吴王夫差骄傲自大，目空一切，认为越国已无还手之力，不听劝谏，竟然听信了奸贼的谗言，杀害了伍子胥。后来，越国经过积存实力，一举灭掉了吴国，吴王夫差深悔不听伍子胥的话，自杀身亡。

不听忠臣之言，导致国破家亡，万劫不复，后悔莫及。

我执蒙蔽了人们的双眼，堵塞了智慧的源泉，听不进金玉良言，疏远了亲朋好友，在悬崖边上舞蹈，在错误的道路上急速滑翔，付出了惨痛的教训。

伟大的心灵，总是对于世界敞开的，总是宽阔无比的，总是善于吸纳众人的智慧的，只有固执的人，冥顽不灵的人，才会固执己见，自以为是。这种人，浑身都是负力量，直到彻底把自己打败，把身上的力量消耗殆尽为止。

多角度思考

阳光照在大地上是白色的，然而，牛顿让一束阳光通过三棱镜，发现阳光其实是由红、橙、黄、绿、青、蓝、紫七种颜色组成。换一个角度，带来了光学上的巨大发现，揭开了光谱的奥秘。

观察花朵，看到的是朝向自己的一面，只有通过多个角度，才能完整地了解花朵。同样，对于任何一个物体，人们的视角都存在一定的盲点，不可能从一个角度看到整体。更何况事物内部的结构更加复杂，不可能用肉眼看到，需要借助先进的仪器，具备一定的知识研究分析，才能做到有限的了解。

这个世界本来就是复杂无比的世界、多维的世界、变化多端的世界，需要人们拥有一双洞察的眼睛和智慧的心灵，从多角度、多侧面、多方位来观察、思考、分析、归纳，因而，要求我们的思维必须是多角度的思维，而不是单向的、平面的、僵化的思维。

发明家爱迪生有一次拿着一个电灯泡，问他的助手们：

"谁能尽快告诉我这只灯泡的容积是多少？"助手们趴在桌子上算了大半天也没算出来。爱迪生笑着说："只要用个简单的方法便可以知道了。"说完之后，爱迪生把灯泡里灌满水，接着把灯泡里的水倒进标有刻度的瓶子里，很轻易地就算出了灯泡的体积，助手们钦佩不已。

爱迪生计算灯泡体积的方法很简单，大家却想不到，而是运用各种复杂的数学公式定理苦苦计算，费时费力难以得到正确答案。一旦爱迪生揭晓了计算方法，小学生都能算出来，更不要说这些高智商的助手们了。人与人比，有时不是比的智商，也不是知识，实际上比的思维方式，许多事情看起来复杂，但是，只要换一种角度思考，也许就显得很容易了。爱迪生使复杂问题简单化，助手们却使简单问题复杂化。思维方式如同智慧的转盘，随着思维方式的旋转，人们观察角度的变化，看到的就是不同的世界。这么说来，一个人的胸怀大小，内心世界如何，也是和思维的角度有关的。

要学会逆向思维，即面对难以解决的问题，不是从对已成定论的事物或观点思考，而是换一种相反的方法进行思考，往往能够出奇制胜，达到意想不到的效果。有时候，一件事情千难万难，但是，如果换一种角度思考，就变得很容易了。欧文·兰米尔是充气灯泡的发明者。原来，自灯泡发明以来，钨丝通电后及易变脆，使用寿命很短，这是许多研究人员面对的难题。欧文·兰米尔来到美国通用电气公司工作后，在实验中发现，在非真空条件下加热的灯泡玻璃表面会产生水蒸气，与灯泡内的钨丝发生化学反应产生氢气，因此使钨丝寿命缩短，灯泡玻璃壁变黑。研究人员寻求的最佳办法，就是把灯泡内的空气全部抽空，制成真空灯泡。欧文·兰米尔换一种角度，采取与真空灯泡相反的思路，分别把氢气、氮气、二氧化碳等多种不同的气体充进灯泡，并采用不同的温度、压力，观察钨丝与气体的化学反应。实验表明，在高温条件下只有氮气不分解，对于钨丝具有良好的保护作用。经过四年多无数次的实验，欧文·兰米尔终于发明了功率大、寿命长的充气灯泡，并因此获得了诺贝尔物理学奖。

人生总是存在着选择，选择的关键在于思维方式。许多事情，当用一种方法苦苦思索探求，百倍努力无法达到理想效果的时候，何不采取逆向思维，改变一下思路，大胆地尝试一下，也许会带来完全不同的转机。我们要改变世界，首先要改变思维方式，通过思维方式的改变，迎来内心的光明澄澈。

科学研究如此，面对生活也是如此。多角度思考，会使我们理解人生，正确对待生活。

喜鹊特别羡慕鸟笼中的金丝鸟，对金丝鸟说："你是多么悠闲幸福啊，不用担心刮风下雨，也不用害怕猎人的捕食，而且每天有主人给喂食。"金丝鸟说："是的，可是鸟儿的家园在蓝天，在树林间，你可以自由飞翔，无忧无虑，自由自在，可是我不过是主人的玩物，甚至丧失了飞翔的能力，我能叫做鸟吗？"喜鹊听了之后，就和金丝鸟换了位置，喜鹊进了鸟笼，金丝鸟飞到野外。结果可想而知，喜鹊每天叽叽喳喳，令主人很烦恼，每天受到主人的训斥，感到很苦闷；金丝鸟得到自由后，由于过惯了喂养的生活，失去了觅食能力，不几天就饿得面黄肌瘦。

人就是这样，这山望着那山高，互相羡慕，围城里的人想出去，围城外的人想进来，其实，不同的人生各自有各自的烦恼，也有各自的快乐。设身处地进行换位思考，把握我们现在所拥有的，才会理解幸福的真谛。

要学会换位思考，即设身处地换个位置，从别人的角度看待问题，使人们之间更加容易沟通和理解。杨丽参加驾校外路考试，由于考试时对面正好来了一辆车，心里慌张，没有通过外路考试。回家后心里特别难受，丈夫听说后火了："你这么笨呢，连个外路都考不过，能做什么呢！"杨丽一听，气不打一处来，又伤心，更怪丈夫不理解自己。躺在床上独自生气，哭了起来。丈夫索性到外边吃饭去了，晚上回来后，两人互不理睬，打起了冷战。丈夫闲着无聊，无意中打开电视，正有个心理学的节目，谈的是夫妻吵架的事情。电视上主持人循循善诱，开导那对闹意见的夫妻。

这时，杨丽的丈夫才明白了自己的错误，杨丽考试不好，本来就心情不佳，情绪不好，他应当从杨丽的角度看待问题，最大的关心就是说些鼓励的话，而不是生气责备。两个人闹矛盾，肯定是双刃剑，伤害的是双方，你伤害对方有多深，对方就伤害你有多深。与人相处，要学会站在对方的位置上思考问题，将心比心，设身处地，人和人之间就会多点沟通，少点苛求，增进理解，就会避免不必要的对立怄气，给生活增加一份正力量。

要学会运用辩证思维，即用发展变化的眼光，从事物的发展的各个方面，从正反多个方面正确地认识客观事物，做出客观的分析判断。

小云在某公司做文秘工作，他写的材料思路清晰，要点突出，文采飞扬，很受经理看重。除此之外，他业余时间经常在报纸上发表文学作品，在文坛小有名气。一次，他的作品获得了大奖，在报纸和电视上都亮了相。这下，在公司成为头号新闻，一方面有人夸赞他，另一方面也有人说他不务正业，有人说他利用上班时间写自己的作品，有人在经理面前打小报告，一时间，非议之声纷纷扬扬。小云认为自己该干的工作都按照要求完成了，平常也不得罪人，只因为得了奖就遭到某些人的攻击挖苦，真是人心险恶，很是痛苦烦恼。于是，性情不佳，情绪低落，经理交办的事情也有点不上心了。

小云找到好朋友聊天，诉说内心的烦恼。听了小云的诉说后，朋友高兴地笑了，对小云说你不应当烦恼，而应当高兴才对，因为这是你来到公司后发展最好的时期。一是你获得了大奖，自然应当高兴；二是人们赞扬你也罢，诬陷你也罢，从另一个角度看，不是提高了你的知名度吗？三是别人嫉妒你、诬陷你，说明你受到人们的重视，换一种思维看，这不是对你的肯定吗？四是别人对你的议论，即使有不实之词，也是对你的鞭策，以后在工作中更加严格要求自己。你要记住有两种人对你有帮助，一个是关心你的人，一个是攻击你的人。一席话，说得小云烦恼顿消，其实，人生世事来回想想，还真的是那么一回事。

用宽广的胸怀，从不同的角度思考人生，在艰难的环境下，依然保持一种昂扬向上的精神，奋发图强的斗志。曼德拉是南非历史上第一个黑人总统。他因为领导反对白人种族隔离政策入狱，被关押在荒凉的大西洋一座小岛上27年。曼德拉入狱时年纪已经很高，囚禁在一个不足4平方米的牢房里，睡的是水泥地，铺的是草席，晚上依靠几乎薄得透明的旧棉毯取暖。但是，他把监狱看做他人生的新的历史，变成了学习的课堂。他认为监狱使他有了更多时间思考生活，研究种族问题。在监狱里他学习绘画，他说："我想用乐观的色彩来画下那个岛，这也是我想与全世界人民分享的。我想告诉大家，只要我们能接受生命中的挑战，连最奇异的梦想都可实现！"他84岁时在南非举办了个人画展；在监狱里，他完成了自传体巨著《漫漫自由路》，被人们评价为"二十世纪最非凡的政治传奇故事。每个活着的人都应该读一读这本书"；在监狱里，曼德拉更加开阔了胸襟和包容的精神，他说："年轻时性子很急，脾气暴躁，正是在狱中学会了控制情绪才活了下来。"当曼德拉获得自由时，掷地有声地说："当我走出囚室、迈过通往自由的监狱大门时，我已经清楚，自己若不能把悲痛与怨恨留在身后，那么我其实仍在狱中。"人们很欣赏曼德拉这种面对生活的态度和思维，甚至把关押曼德拉的那座小岛称作"曼德拉大学。

有人在生活中受到一点小小的挫折，就怨天尤人，好像世界都失去了颜色。曼德拉面对长达27年的牢狱生活，换了一种思维方式，把它看做自己的事业的开始，看做新的人生平台，对反对种族主义、建立一个平等自由的新南非做出了卓越贡献，被称作南非的"国父"。

当下思维

昨天已经过去，明天尚未到来。人生重要的是活在当下，享受当下的快乐，改变我们的现状。如果人们摆脱不了昨天的影响，或者沉陷于对于明天的忧虑中，则会带来无端的烦恼恐惧。事实上，无论如何努力，我们都难以改变昨天的事实，也不可能全部掌控明天的生活。我们真正拥有的就是当下，就是今天，充满阳光地面对今天的生活，才是我们要努力去做的。

当下思维，就是主张人们的思维要关注当下，热爱当下的生活，欣赏自己，思考当下，用积极的态度面对当下，激发人生的正力量，享受生活的每时每刻。而有的人，总是不自觉地留恋过去，生活在昨天的阴影中，不思进取，又无可奈何，只能在思维中来回打转，自己与自己打架，自己与自己斗气，给今天增加了不必要的烦恼。

人是有劣根性的，对于某些已经发生并无力改变的事情，习惯于揪住不放，百般后悔，恨天恨地，每日生活在痛苦之中，不仅失去了昨天，连今天也黯然失色。我有个朋友叫杜飞海，大学毕业后分配到一家事业单位，工作悠闲，效益也不错，每天满足于这么一种衣食无忧的工薪族生活。后来，杜飞海与某大型煤炭企业老总在一次会议上邂逅，短时间的交流后，老总看重杜飞海的才华。过了几天，约杜飞海出来，想调他来煤炭企业工作。杜飞海经过一番权衡后拒绝了。

过了几年，杜飞海所在的单位在改制后兼并了，不仅效益下降，而且又忙又累。而煤炭企业作为能源企业，地位越来越重要。那家煤炭企业员工一年的工资福利达到了十七八万元，不仅如此，而且正在给职工解决住房。杜飞海去拜见那个看中他的老总，此时这家企业炙手可热，许多人到处找关系打破头想挤进来，都难以奏效，杜飞海自然碰了一鼻子灰。杜飞海后悔极了。夜深人静时，他仔细算账，如果当时进了那家企业的话，收入也高了，大房子也有了。都怪自己目光短浅，不识时务，不仅一年少了将近二十万元的收入，而且丢了一套大房子，折算下来损失了将近一百万。

这件事，像一道过不去的坎，时时折磨着杜飞海。他晚上难以入眠，后悔得肚子疼，连白发都长出来了。以至于身体莫名其妙地疼痛，他担心得了什么病。可是到医院检查又没事，他整天疑神疑鬼，在痛苦中度过。

李白《宣州谢朓楼饯别校书叔云》诗道："弃我去者，昨日之日不可留；乱我心者，今日之日多烦忧。长风万里送秋雁，对此可以酣高楼。蓬莱文章建安骨，中间小谢又清发。俱怀逸兴壮思飞，欲上青天揽明月。抽刀断水水更流，举杯销愁愁更愁。人生在世不称意，明朝散发弄扁舟。"李白怀着远大的政治理想来到长安，任职于翰林院，本想大有作为。可是，两年后因被谗而离开朝廷，重新开始了漫游生活。这首诗感怀万端，既感慨时光的飞逝难留，在艰难的环境下几经奋斗却难以建功立业的境遇，又满怀豪情逸兴，面对寥廓无际的秋空，遥望长风万里吹送鸿雁的美景，抒发了欲上青天揽取明月的雄心壮志。是的，日月不居，时光难驻，忧愁有什么用呢？所谓"抽刀断水水更流，举杯销愁愁更愁"，虽然诗歌中流露了高蹈隐世的想法，但是，李白诗歌中表达的是真正的强者的人生，应当像鸿雁展翅高飞翱翔在蓝天。

当下思维要求人们必须放下过去，放过自己。放下是一种智慧，对待无力改变的事情，最好的办法只能是放下。生活在当下，思维也应当关注当下。如何摆脱心灵的阴影，答案是放弃昨天，关注今天。因为昨天一去不复返，任何人都没有办法挽回，我们既无力改变，也无法控制。何况每个人都难免在人生中走一段弯路，如果就此紧抓不放，不饶过自己，自己惩罚自己，岂不是太傻了？有句话说得好，人们为失去早晨的彩霞而痛苦烦恼的时候，连美丽的晚霞也失去了。只有学会放下，我们才能有新的开始，把握能够改变自己命运的今天。

有一种人，不是活在昨天，而是活在明天。生活在今天，思维却固执地飞到明天，活在也许永远不会发生的不可知的忧郁烦恼中。其实，仔细想一想，人生变化无常，谁能真正分毫不差地把握明天呢？回想一下，人们童年的愿望、预期、梦想，到了长大后还不是变得面目全非，千差万别？甚至许多人长大后，连童年的梦想都忘记了，无法寻找。要拥有美好的明天，重要的不是沉浸在过多的忧郁中，而是把握当下，思考当下。今天的幸福伸手可及，离我们最近。这样才能积聚身心的力量，做好今天的事情。事实上，只有拥有今天的人，才能拥有明天。

《列子》一书记载了一个杞人忧天的故事，读来令人深思。说的是杞国有个人生了一只心理疾病，每天担忧着天会塌陷，地会崩裂，到时此身无所寄托，以至于睡不着，也吃不下。有人很为这个人的健康担心，于是找他交流。来人说："天不过是大气积聚而成，气体是无所不在的，存在于人们的呼吸吐纳之中，怎么可能塌陷呢？"杞人说："天为大气积聚而成，那么日月星辰不会坠落吗？"来人解释说："日月星辰是气体中发亮的部分，就算坠落怎么会伤到你呢！"杞人想通了，又问："大地塌陷了怎么办呢？"来人说："大地充塞四方，密密实实，坚实无比。你整天在大地上行走，怎么会塌陷呢？"杞人听了之后，内心大喜，放下了不必要的担忧。

许多人把这仅仅看做一个寓言故事，笑话杞人子虚乌有的担忧，然而，在现实生活中，许多人和杞人一样，常常陷入毫无意义的思维怪圈之中，难以挣脱。面对明天，他们的内心翻腾不已，失去了寄托。有的人害怕考试时遇到难题怪题，失利怎么办；有的人害怕做不好工作，领导批评怎么办；有的人面对日益上涨的物价，担心孩子长大后如何生活；有的人身体偶有不适就担惊受怕，认为是得了严重的疾病；有的人树叶掉下来，害怕砸了自己的脑袋，如此等等五花八门，都是涉及明天的事情。真是要多幻想有多幻想，在虚幻中折磨自己。这种思维表现为，没有具体的事情，就是自己和自己的影子打仗，自己永远是输家。这种杂七杂八的非当下思维，不知不觉使人担忧恐惧，情绪恶劣，影响了正常生活。

事实告诉我们，人们所担忧的许多事情、所烦恼的问题、难以解开的心结，随着明天的到来，不仅不是问题，而且根本没有发生。有个朋友家里有个女孩，长得比较胖点，上高中时体重就达到140多斤。这个朋友不担心孩子考不上大学，而是担心女孩身体这么胖，以后找不下合适的对象。整天忧愁烦恼，心情不痛快，唠唠叨叨，甚至限制孩子吃饭，就这样担心了四五年。女孩学习成绩优异，高中毕业后考上了名牌大学。在一次同学聚会上，与一个高才生一见钟情，谈起了对象。高才生特别喜欢这个女孩，一点不嫌女孩胖，认为胖是丰满和健康的标志，大学毕业后两人结婚了。我那个朋友白白担心了好几年，而女孩水到渠成，该上学时上学，该结婚时结婚。

诗人说："我是我命运的主宰，我是我灵魂的船长。"生活本来充满着快乐，生而为人本身就是大自然对你的特别恩赐，何必徒生烦恼呢？

薛瑄是明代的理学家、政治家、教育家，创立了河东学派，是山西河津人。太监王振的侄儿由于犯法，被薛瑄审判，绳之以法。薛瑄由于主持正义，得罪了权势熏天的王振。王振纠集一帮官员诬陷薛瑄执法不公，收受贿赂，皇帝下旨逮捕薛瑄入狱，判处死刑。在监狱里薛瑄正义凛然，毫无惧色，认真研读《易经》，好像不是个将要被判死刑的人。薛瑄的这种气度感动了王振的厨子，厨子做饭时伤心哭泣。王振问起原因，厨子为薛瑄的冤屈鸣不平，加上别的官员求情，皇帝准奏把薛瑄释放回家，罢官为民。薛瑄回到故乡后，创立河东书院，教书育人，受到人们的敬重。后来，又被朝廷起用，担任大理寺少卿等官职，颇有政绩。

　　人生本来就是复杂多变的，面对任何变化，我们都要坦然面对，不要悔恨昨天，也不要忧郁明天，重要的是面对当下，改变当下的境况，尽量享受和把握当下的生活。毫无意义的忧郁烦恼，除了破坏我们的心情，毁掉我们的幸福之外，没有什么益处。那些真正的强者，面对人生的不如意，不会纠结于心理上的折磨，而是保持良好的心态，活得更加漂亮，成为一道靓丽的风景线。

第七章 | 积极向上

每个人来到世上，都带着伟大的使命。个体的身份是多重性的，从家庭到社会连接成为一个网状结构，作为人就要担当社会责任和家庭重担。人生的幸福，就在于为了事业和理想奋斗不止，持之以恒，百折不挠，勇猛精进。

选准目标

　　目标是人生的出发点，也是人生奋斗的方向。千里之行，始于足下。歌德说："人生重要的事情就是确定一个伟大的目标，并决心实现它。"不知道明天要干什么的人，是没有明天的人，这样的人生能有什么意义？尤其是现在竞争激烈的社会，缺乏目标，在人生的茫茫大海上漫无目的，将会大浪淘沙，处处碰壁，被时代洪流所淘汰。

　　没有目标，懒懒散散，得过且过，最终一事无成。没有目标的人生，生活茫无目的，分散了精力，损耗了时间，东一榔头，西一斧子，过着平庸无聊的生活。缺失目标，人生没有价值观，如同患了软骨病，无法真正站立起来，形同行尸走肉。这样的状态，给人生带来极大的痛苦和烦恼，在身心上聚集了众多的负力量，不仅对身心健康有害，也会毁了人生的价值。

　　没有目标，平平庸庸，一日三餐，生活没有什么起色，失去了自我价值。岁月的流逝，容颜变老，却依然如故，一事无成。当回首岁月时，充满了无奈，也增添了几多后悔，几多感叹。

　　成君忆在《孙悟空是个好员工》中讲过一个寓言故事。唐太宗贞观年间，有一头马和一头驴子，它们是好朋友。贞观三年，这匹马被玄奘选中，前往印度取经。17 年后，这匹马驮着佛经回到长安，便到磨房会见它的朋友驴子。老马谈起这次旅途的经历：浩瀚无边的沙漠、高耸入云的山峰、炽热的火山、奇幻的波澜，这神话般的境界，让驴子听了大为惊异。

驴子感叹道："你有多么丰富的见闻呀！那么遥远的路途，我连想都不敢想。"

老马说："其实，我们跨过的距离大体是相同的，当我向印度前进的时候，你也一刻没有停步。不同的是，我同玄奘大师有一个遥远的目标，按照始终如一的方向前行，所以我们走进了一个广阔的世界。而你被蒙住了眼睛，一直围着磨盘打转，所以永远也走不出狭隘的天地。"

马和驴子走的路程差不多，所产生的价值有着天壤之别。原因是什么呢，一个是有明确而远大的目标，一个没有生活的目标，当一天和尚撞一天钟。每个人一天都是 24 小时，一年都是 360 天，每个人身体的消耗都差不多，付出的劳动都差不多。因为目标，把人们区分开来了。

目标是个体根据主观和客观条件，在人生观指导下所期待实现的结果。目标是人生的动力，激发了生活斗志，鼓舞人们拼搏奋斗，使人生变得更加美好。同时，目标的制订，也给人们带来了心理期待，挖掘了人生的潜能，使生活变得生机勃勃，充满了行动力和执行力。

选对目标，是成功的先决条件。目标不对头，将会使人生的付出多出好多倍，极有可能让满心的期望付之东流，使人生的路程变得曲折无比，遭受挫折和打击。

你听说过一个人参加高考8次，都名落孙山吗？我的同学孙某偏科，小学三年级就读完了《水浒传》《三国演义》等名著，他的作文成为同学们学习的范文。当年高考选择文理科的时候，他却选择了理科。因为人们信奉学好数理化，走遍天下都不怕。参加高考，数学和语文成绩还不错，物理和化学成绩就不用提了，第一年不及格，第二年五六十分，第三年甚至40多分。他不服气，不考上大学誓不罢休。可是，就好像偏偏和他作对似的，物理和化学怎么都学不进去。8次高考都名落孙山，老师建议他改考文科，因为语文和数学成绩都不错，而且文科的高考数学题比理科简单些。他听从了建议，上复习班时，花费主要精力主攻历史和地理，第九次高考金榜题名了。

目标错了，费尽心血，一次又一次失败，浪费了8年的宝贵时间，选对了目标一举成功。确立目标时，一定要根据自己的主观条件，结合客观条件，做出最优选择。选择目标对于人们的成功有着至关重要的影响。

选择目标，不要贪多。蒙田说："没有一定的目标，智慧就会丧失；哪儿都是目标，哪儿就都没有目标。"王娟是个多才多艺的女孩，诗歌、小说、散文、钢琴、节目主持，样样擅长，写写小说，写写散文，写写诗歌，又去参加音乐、节目主持活动，每天忙得不可开交。她对每样特长都热心，一晃十多年过去了，她还是穿梭于各种门类的活动，一无所成。她有个闺蜜，没有什么特长，从事的是保险工作，平平而已，可是，由于敬业专一，竟然成为一个地区保险行业的经理，开着名车，住着豪宅。

　　爱好可以多一些，目标一定要专一，目标多了容易使人分心，得不偿失。通才不如专才。人的精力是有限的，没有三头六臂，分身乏术。目标太多，不仅消耗精力，而且使人倍感压力，疲倦不堪。人生在世，只要能把一件事做到极致就不简单了。样样都会，样样都不精，是人生的大忌。比如运动员，乒乓球、篮球、足球、羽毛球都擅长，远远不如一个项目得奥运冠军。

　　选择目标，不要好高骛远，要根据自身实际，切实可行。有的人大事干不了，小事不愿意干，夸夸其谈，空谈误身。我认识一个人，他的话题总是国家大事，天下兴亡，而对于眼前的事不屑一顾。他只是一个普通的员工，可是谈论的都是世界大事，关注的都是国家主席该操心的事情。就这样过了十多年，岁月蹉跎，有的同事已经事业有成，可他还是一个普通的员工，和刚上班时没有分别，不同的是年龄大了。

　　其实，人活在现实中，不是昨天，也不是幻想中的明天。脚踏实地，一步一个脚印，远比眼高手低，幻想着一步登天要要好些。目标不切实际，虽然志向远大，却难以企及，消磨了意志，浪费了精力。随着时间的流逝，多的是牢骚和悲伤，少的的是事业和意志。一屋不扫，何以扫天下？一步一个台阶，才能步步坚实，通向目标的巅峰。

　　选择目标，一定要远大。反对好高骛远，但是人生不能没有远大的目标。根据主观和客观实际确立的远大目标，会激发人生的正力量，焕发内心的渴望。目标有多远，就能走多远。

屋檐下的麻雀只能在树枝上叽叽喳喳，聒噪不已。很少听见鹰的鸣叫，可是，鹰却翱翔于云端。壮志凌云，慕鸿鹄而高飞，羡雄鹰在九霄。烛光难有日月之明，砖瓦难有金石之声，小溪难有江海之涛，犬羊难有虎豹之威。远大的目标，使人精神百倍，集中全部的精力，投入到事业之中，必有所成。

这世间大多数人平凡，就是因为他们每天想着柴米油盐，家长里短，尺短寸长，斤斤计较。关注的就是什么名牌衣服，什么式样的新款手机，什么样牌子的车子，什么样的生活享受，没有想有，有了还想换更好的，一步一步深陷在世俗的物质的泥潭里，没有出头之日。这样的攀比，这样的追求，使人变得世故势利，目光短浅。把享受当做人生的目标，是对于目标的玷污，这种人庸庸碌碌，好逸恶劳，必将被生活所惩罚。在我们身边不乏这样的人，人生观、价值观、生活观完全扭曲了。

没有计划，就没有行动。实现目标，必须制订确实可行的计划。有的人之所以难以实现目标，就是因为缺乏实现目标的计划。善于制订实现目标的最佳方案，并且付诸行动，才能一步步接近目标。要把远大的目标，细化为一个个小目标，该做什么准备，该具备什么知识，该完善哪方面能力，都要一一考虑周全。计划是战略，也是细节，有了好的计划，就给目标的实现提供了行为准则，提供了最起码的保障。

目标不仅给人生带来了动力，也相应地带来了压力。目标越高，压力就越大。如果不能正确处理好压力，可能会加重心理的承受负荷，带来情绪的变化。当人们开始追求自己的目标之时，由于时间充裕，感觉不到心理压力，随着时间的推移，计划的缓慢实现，将会使人紧张不安枯燥烦恼。当实现目标变得迫不及待之时，目标使人们的心理发生了变化。以前是人控制目标，此时是目标在操纵着人们的心理和行为，个体沦为目标的操控对象。一刻不实现目标，一刻心理煎熬，难以交代自己。

这既是一个痛苦的过程，也是一个值得让人兴奋的过程。一方面，心理紧张给人带来情绪的波动，令人难受痛苦，另一方面这种心理紧张，使人珍惜时间，放下其他事情，全力以赴去向目标挺进，加快了目标的实现。随着目标的实现，艰难困苦都将过去，带来了成功的快乐欢愉。所以说，成功者的桂冠是用荆棘编制而成的，路上洒满了奋斗的汗水和苦难的泪水，这是一点也不假的。当人们羡慕成功者的掌声时，回过头来问问自己，付出了多少，承受了苦难和艰难了吗？

学习力

不爱学习的人是没有前途的人。一个人不如别人不要紧，最可怕的是不知道学习。

谁来到世界上都是赤条条的。天才的第一声哭啼，和别的婴儿并没有明显的区别。人们所有的知识都是通过学习获得的。学习是人生必须具备的能力，是人生永远要做的功课。

《明史·夏寅传》道:"君子有三惜:此生不学一可惜,此日闲过二可惜,此身一败三可惜。"三可惜都与学习有关,不学习浪费时间,不学习使人无知,不学习人生就会失败。由此可见,古人对学习是多么重视。生活在今天的电子时代,学习的环境和条件不知强过古人千百倍,更应当珍惜时间,勤奋学习,有所作为。学习是组成生命的元素,赋予了生命不同凡响的可能。太阳从东方升起,从西方落下,我们应当扪心自问,今天学到什么,有什么收获。

虽然在父母的怀里就牙牙学语,在幼儿园里发音识字,在学校里上课做作业,但是人们对于"学习"的含义并非能够完全理解。学习是通过教育、书本、实践获得知识和技能的过程。通过学习改变了人们的心灵,使人具备了起码的生存能力,从而融入社会和集体的生活,成为真正的具有社会意义的人。

学习使人区别于动物。不学习,不知文明。什么叫人,哲学上解释为人是由类人猿进化而成的能制造和使用工具进行劳动、并能运用语言进行交流的动物。语言是在学习中获得的,劳动技能是通过学习获得的,思想也是通过学习提高的,不学习就无法融入社会,不学习,与禽兽何异?学习使人变得文明,变得有知识和智慧。由此可见,人们把社会成员的受教育程度,作为文明社会的衡量标准,这是很有道理的。

萨克雷说:"读书能够开导灵魂,提高和强化人格,激发人们的美好志向,读书能够增长才智和陶冶心灵。"人的知识不是天上掉下来的,也不是大脑里固有的,是学习得来的。古人读书时，怀敬畏之心，要焚香洗手。打开一本书，就是与千百年前的智者交谈。秦时明月汉时关，今人不曾见古人。正是知识将今天和昨天联系在一起，使我们心游万仞，思接千载。每一本书，都浸透着作者的心血，都是对于人类文明的贡献，给我们以精神的力量和知识的储备。人类的文明历史，就是不断学习的历史。知识推动了历史的车轮，探知了未知的世界，开创了辉煌的未来。

学习使人心灵净化，精神境界提高。人类从茹毛饮血的蛮荒时代，进入到今天的时代，经历了一个漫长的历史。在文明的演变进化过程中，学习是最重要的行为。学习获得了知识，懂得了社会行为准则，掌握了人际交往的礼仪，开阔了人生的视野，使人具有一颗高尚纯净的心灵。不努力学习会使人变得冥顽不灵，固执愚昧，不知变通，不知礼仪，更谈不上精神境界了。

学习提高了生活技能和生存能力。现在的工作招聘，都是以学历作为先决条件的。学历不能说明一切，但是，却证明了人们的学习经历。三百六十行，行行有学问。小的方面说，书法、绘画、音乐，哪一样不经过学习能够掌握的？大的方面说，宇宙飞船上天、飞机制造、电脑制造，哪一方面离开知识能行？现代社会的竞争，虽然是技术的竞争，说到底是学习的竞争。不具备一定的知识，不要说其他，就连找工作都难，在社会上没有立足之地。学习使人拥有了竞争的基本条件，提高了生存的能力，适应力了飞速发展的社会。

学习改变命运。新东方创始人俞敏洪出生于江苏的农村，是个很平常的家庭。父亲是个木工，经常帮村里人盖房子。家里穷，看到路上废弃的破砖烂瓦就捡回家。俞敏洪两次高考都失利了，参加补习班时，英语是全班最差的。英语老师综合各年的高考题，总结出了300道英语题，让学生练习。俞敏洪夜以继日，把300道考题，共800个句子背得滚瓜烂熟，英语成绩跃居全班第一。第三次高考，上了北京大学。他说："当你觉得拼命是一种快乐时，你的学习成绩不太可能上不去。"正是因为学习，使得俞敏洪从农村来到北京，彻底改变了命运。如果不是学习，也许他一生默默无闻，和他的乡村里的伙伴一样，种着庄稼，从事艰辛的体力劳动。

学习就是人生。要改变自己，就要学习。学习是对于知识结构的丰富，对于自身的改变。学习是改变的捷径，是获取知识和智慧的必由之路。所谓士别三日，当刮目相看，看的是什么，不是长高了没有，不是漂亮了没有，而是知识和见解提高了没有。上帝造人的时候，每个人都是一样的，无非是眼耳鼻舌身而已，但是，学习却使人不一样，有的人学富五车，才高八斗，运筹帷幄，决胜千里。有的人生活卑微，知识贫乏，难以自立，仰人鼻息。学习最终将人们的距离分开了。

学习要注意领会掌握，勤于复习。不能狗熊掰棒子，走一路扔一路，最后两手空空。孔子说："学而时习之，不亦乐乎？"意思是，学习之后及时、经常地进行温习和实习，不是一件很愉快的事情吗？学是接受知识，习是复习思考，领会掌握。过目不忘的人很少，只有复习领会，才能很好地掌握知识，否则边学边忘，学完了也就忘完了，岂不是白费力气？

学习还要善于疑问，提出问题，提出问题是思考的过程，提出问题才会有真正的提高。学问两个字，就是学习和疑问的意思。只知读书，不会提问，不善于求教于别人，是不会很快提高的。

知识是无穷无尽的，不要说用尽一生，就是生生世世都无法穷尽。两千多年前的智者庄子，望着大海悠悠地说："吾生也有涯，而知也无涯。以有涯随无涯，殆已；已而为知者，殆而已矣！"意思是人的生命是有限的，而知识是无穷的，以有限的生命去追求无穷的知识，是多么困难的事情啊。活到老，学到老，学无止境。知识的大海没有彼岸，只有我们奋发努力，才能够较多地获取知识，走得更远些。

骄傲自满是学习的大敌。虚心使人进步，骄傲使人落后。有的人掌握了一点知识，就沾沾自喜，所谓一瓶子不满，半瓶子晃荡。牛顿说："我不知道世人怎样看我，但我自己以为我不过像一个在海边玩耍的孩子，不时为发现比寻常更为美丽的一块卵石或一片贝壳而沾沾自喜，至于展现在我面前的浩瀚的真理海洋，却全然没有发现。"改变了物理学历史的牛顿尚且如此说，对于我们这些凡人，没有任何成就的人来所，还有什么可以骄傲的？可以说，骄傲是浅薄无知的表现，活到老，学到老，知识是永远学不完的。

要善于学习，喜爱学习。有的事情不会做，就要认真学习。学习是为了使自己的人生更精彩，学习是为了使自己的人生更有意义。人要对自己的一生负责，人活着就要对得起自己的人生。你可以主动学习一项专长，让自己掌握一门知识。只要你认真去学，没有什么学不会的。你要多给自己信心，认准目标努力学习，就一定能成功。

处处留心皆学问，只要留意，生活中处处充满着知识。无意间打开一本书，就是打开知识的大门。有的知识看似平常，只要记住了也许到时用得上。在候车的时候、排队的时候、闲聊的时候，都可以忙里偷闲看看书。有时候没有带书也不要紧，因为人们闲谈中，也蕴藏着知识，只要打开知识的话题，就没完没了。即使在旅游的时候，不同地域的植物、民居、民俗风情，也可以给人许多知识。读万里书，行万里路。司马迁写《史记》时，年轻时候遍游各地，听来的历史、掌故，对于完成这部巨著提供了帮助。

学习一定要掌握学习方法，不掌握学习方法是不行的，也不会有好的效果。有的人加班加点，点灯熬油，刻苦学习，成绩并不见得好，这是为什么呢？就是方法问题，好的方法使学习事半功倍。学习好的人，一定是善于总结学习方法的人。比如记忆知识，就有理解背诵法、趣味背诵法、快速诵读法、图表背诵法、抄写背诵法等等。至于每个门类的知识，由于特定的学科，各有其学习方法和规律，只要善于总结，对于提高学习具有重要的作用。

学习力是人生成败的关键之一。要注意提高学习力。同样学习知识，有的人很快掌握，有的人就是不开窍，怎么学都进不去，这就是学习力的问题。学习力包括理解领会的能力、记忆力、灵活运用知识的能力、学习的效率等等。一个人的竞争力如何，一方面与知识储备和学历有关，另一方面取决于学习力。竞争是时间、能力、速度的竞争，对于新知识新问题，能够很快掌握并运用于实践，就会走到别人的前边。如果学习力差，反应迟钝，在竞争激烈、瞬息万变的社会，势必落后于人。学习力是人生的根本能力之一，是必须具备的能力，可以说，人的一生都处于学习的阶段，因为新事物层出不穷，不断面临新的考验。学习力决定了人生的成败。

吃苦定律

吃苦才能获得正力量。

吃苦是成功者随身携带的勋章。

问苍茫大地，何为吃苦？

吃苦是做人的开始，是成人的标志和必经阶段。正如古语所说，成人不自在，自在不成人。安安乐乐，四体不勤，不仅毁了人们的身体，也毁了人的意志，更毁了人们的灵魂。有句话叫做溺子杀子，意思是在培养孩子时，不让孩子吃苦，等于杀害孩子。那些风吹不着、日晒不上的孩子，不仅骨骼难以长成，身体素质差，而且抵抗力低，容易伤风感冒。名贵的花朵，怎么呵护、怎么培养，都难以长成参天大树，缺乏参天大树的高大的躯干、电打雷击的坚韧。强健的骨骼是需要生活的磨炼才能完成，只有劳动和运动，才能使身体强健起来。劳动和运动本来就是吃苦的同义词。

再从身体本身来说，人生天地间，其实就是能量交换的过程。人是铁饭是钢，一顿不吃饿得慌。人不吃饭不行，吃饭就是一种能量转移。五谷杂粮，蔬菜食品，是以能量的方式寄存于体内的。它们不是填充身体的，而是要维持身体的能量平衡的，如何维持能量平衡呢？就是劳动和付出。人们吃饭后，如果不消耗掉这种能量，长时间地淤积身体，就会成为负能量，折磨身体，可能致病。人常说，病从口入，一方面是饮食的不卫生所致，另一名指的就是过多的能量不能化解，由此带给身体的痛苦。那些身体臃肿多病的人，只知道索取能量，不知道付出，何尝不是自然规律的惩罚？因此说，付出对于身体是有诸多裨益的。从身体保养角度看也是很有道理的。所以说，吃苦才有健康的身体，才能顺利成长。

从宗教方面来看，人生来就是吃苦的。佛教的四谛为苦、集、灭、道，把苦放在首位。所谓苦谛，人生皆苦；集谛，探索苦的原因；灭谛，如何认识苦，断绝苦；道谛，明心见性，找到规律。学禅问道的过程，也就是吃苦的过程，坚韧地面对人生，经历路途的苦难，求得人生的真理。基督教强调爱人、赎罪，没有吃苦而换来的劳动果实，如何来爱人？拿什么来赎罪？爱人和赎罪不是一句空话，必须有劳动创造的物质财富作为支撑。吃苦是一切财富的来源。物质财富的获得，都是辛苦的劳动换来的，不经过劳动不会有收获。当耶稣为了拯救众生而把自己送上十字架的时候，基督教把这种吃苦精神给升华了。正如《圣经》所言："人生在世必遇灾难，犹如飞鸟上天。"

不经一番风霜苦，那得梅花扑鼻香。自然界如此，人类亦如此。苦难是天堂的途径。伟大的灵魂和人格是经过苦难的磨砺铸造的。可以说，一切高尚的道德，都是以勇于吃苦、担当苦难为教义根本的。

吃苦是正力量的源泉。人们的力气很神秘，越出力，越有使不完的力气，源源不断，层出不穷。越懒惰，越怕吃苦，越没有力气。吃苦是勤劳的象征，是人品的展示，也是正力量之本。不吃苦就没有正力量；不吃苦，就有害于身体。记得在农村干活的时候，那些肯吃苦的人，什么时候看上去都是很精神。舍不得吃苦的人，逃避劳动，浑身乏力，什么时候看都是一副懒洋洋的样子，浑身都有毛病。那些运动场上奔跑的运动员、那些在绿色的田野上辛劳的人们，强健的体魄、阳光的气质、洋溢的活力，是生命力的象征，是吃苦的写照。

吃苦是付出，是劳动。劳动是人品的标志。劳动是伟大的，是高尚的，判断一个人的人品如何，必须看他是否劳动，是否对社会有所贡献。爱迪生说："世间没有一种具有真正价值的东西，可以不经过艰苦辛勤劳动而能够得到的。"劳动创造了丰盈的物质生活，吃苦改变了人生。晋代的孙康家境贫寒，由于没钱买灯油，晚上不能看书，只能早早睡觉。他觉得让时间这样白白跑掉，非常可惜。一天半夜，他从睡梦中醒来，发现窗户发白。原来，雪花飘飘，银雪覆盖了大地。他就立即起床，冒着寒冷，在雪中读书。北风呼啸，天寒地冻，他的手脚冻僵了，就来回搓搓手，或者站起来跑跑步。他就这样，以孜孜不倦的精神，刻苦读书，由一个贫寒子弟，成为御史大夫。

懒人无力，无力者无福。一个人一懒，万事休提。不仅身体完了，而且品行也低了，事业也没有了。处处偷懒，不肯付出，谁愿意和这样的人交往或者合作呢？不吃苦的人犹如井边的癞蛤蟆，人人敬而远之。

缺乏吃苦的精神，丰富的物质生活会使人的恶欲膨胀，贪欲增加，难以自我约束，将会滑向罪恶的深渊。自古雄才多磨难，从来纨绔少伟男。虽然不能一概而论，但是从现实生活来看，许多富贵之家的子弟恰恰毁于富贵两个字。优裕的生活还会扭曲价值观。因为所得到或拥有的一切并不是通过自己的努力的结果，所以就不去努力，不去奋斗，在社会生活中随心所欲，无所顾忌，巧取豪夺，破坏社会秩序，损及他人利益。一旦这种价值观形成后，若要改变就难了。

那些广厦华屋、名车豪宅有什么可炫耀的？那些花天酒地、纸醉金迷有什么可羡慕的？有人夸耀物质的享受时，成功者欣赏的是吃苦。一个把享受作为人生追求和道德标准的人，应当说是可耻的。因为，享受是一种占有，是消耗，不会创造任何财富，是对于幸福的减法。或许令人羡慕，但要注意，享乐只是人生的表面现象，坐享其成，必然会坐吃山空，由从前的锦衣玉食变为街头流浪的乞丐。一个不正常的社会，总是以享乐为标榜，炫富斗富，互相攀比，什么豪宅名车，什么一幅画动辄上千万甚至上亿元，正是这种堕落破坏了社会风气。判断一个人有没有能力，不是看他享受什么，而是看他创造什么；不是看他衣来伸手，饭来张口，而是看他能不能吃苦，是否在奋斗。夸耀享受、消耗财富是堕落的代名词，是最没有出息的自我表演。

吃苦是人类的生长素，一个人的成长必须伴随着吃苦，吃苦才能成长。在吃苦中我们获得了知识，在吃苦中得到了强健的体质，在吃苦中具备了生存的能力。不吃苦的孩子永远长不大。司马光小时候比较贪玩贪睡，害怕吃苦，学习成绩特别差，受到了老师的批评和同学的嘲笑。后来在老师的谆谆教诲下，认识到了自己的错误，决心立志努力学习，做一个对国家有用的人。司马光为了戒掉贪睡的毛病，用圆木做了一个枕头，后人称作"警示枕"，警示自己。只要睡觉一翻身，头从枕头上落下醒来了，就赶快起床读书。就这样，年复一年，他成为一个杰出的大学者和政治家，主持编撰了《资治通鉴》这样的巨著。

穷则思变，苦难使人清醒，使人奋斗的原动力。苦难使人尽早地发现自己的优势和不足，扬长避短，完善自己。苦难还激发了人的潜能，使人爆发出比自己预想的还要大得多的能量。连自己都想象不到自己会有这么大的才能。生活中不乏这样的现象，原来看上去一般的人，多年后事业发展，飞黄腾达，这大半是苦难造就了他。

吃苦磨炼意志，塑造了性格，完善了自我。人生所必须具备的性格都是在吃苦中具备的，没有吃苦，就没有完善的人格，就不会成熟起来。石成金《传家宝》说："世路风霜，吾人炼心之境也；世情冷暖，吾人忍性之地也。"西汉时期苏武出使匈奴被扣，被流放在荒无人烟的北海放牧羊群，忍冻挨饿，孤单寂寞，渴饮雪水，饿吃毡毛，忍受了数不清的屈辱和苦难，直到十多年后才回到了汉朝，形成了其坚忍不拔的意志和精神。春秋时期晋国公子重耳受继母和奸臣陷害，流亡在外十九年，惶惶不可终日，出生入死，受尽苦难，历经艰辛回到了晋国，被立为晋文公，最终成为春秋五霸的霸主，成就一代霸业。

苦中有甜，苦中有福。人生再苦能苦到哪里？苦之后将是幸福的甜蜜。风可以把蜡烛吹灭，却可以把篝火吹旺。吃一点苦算什么，那将使我们的人生更加丰富多彩，苦难是人生的一笔宝贵财富。甜的东西吃多了，不以为甜，反而充满了苦味。生活就是这样啊。生于富贵之家，锦衣玉食，花天酒地，可是，浑身是富贵病，不是这儿疼，就是哪儿不舒服。夏天怕热，冬天怕冷，稍不注意就病了。上天赐予的身体，成了药罐子和酒囊饭袋，这不是人生最大的痛苦吗？吃惯了山珍海味，吃野菜反而津津有味；每天浸在蜜罐子里，却失去了智慧和生存力，弱不禁风，手无缚鸡之力。在家里有父母宠着、让着、护着，一辈子都会这样吗？一旦进入社会，物竞天择，适者生存，谁还会让着你、宠着你、护着你？缺乏生存能力，遭受的挫折和打击，也只有自己独自承受，否则将会被生活所遗弃。

吃苦是人生的定律，吃苦才能担当人生的大任。人生在世，不吃苦是不行的。你若想获得知识，你要下苦功；你若想获得物质，你要下苦功；你若想得到快乐，你也该下苦功。人有一双脚，是用来走路的；人有一双手，是用来劳动的；人有大脑，是用来思考的，人的每一个器官都有一定的用处，所有的用处都是通过"吃苦"体现的。所谓用进废退，你的器官不用，其功能就会废了。大凡干大事业成大事者，没有不经过艰苦卓绝的努力的。没有苦难的相随、苦难的拯救、苦难的磨砺，怎么能验证谁是英雄？孔子说："岁寒，然后知松柏之后凋也。"汤斌说："遇横逆之来而不怒，遭变故之起而不惊，当非常之谤而不辩，可以任大事矣！"就是这个道理。

坚持力

任何事物都存在于时间之中，时间构成了事物存在的必要条件。在无限运行的时间中，人们承载着生活的重任，向着事业、理想、目标挺进。

据说，世界上可以抵达金字塔顶端的动物只有两种，一种是雄鹰，另一种就是蜗牛。雄鹰凭借自己的翅膀飞到金字塔的顶端。蜗牛依靠的是持之以恒的耐力，用一月、一年，甚至更长的时间爬到顶端。在登上金字塔顶端的过程中，蜗牛滑下来，再继续攀登，坚持不懈，总有一天会抵达金字塔的顶端。

兔子的善跑，骏马的腾飞，蛇的迅疾，可以说绝大多数动物都比蜗牛行动迅速，可是，为什么行动迟缓的蜗牛却出现在金字塔的顶端呢？答案只有两个字：坚持。蜗牛的成功依靠的就是坚持，只要坚持，世上没有不可成之事。

坚持力指的是人们为实现目标所做的持续性的努力，反映了个体的意志和毅力，是成功者所应当具备的素质。

坚持力是正力量，是一种向前、向上的力量，是一种战胜困难、不屈不挠的力量。它激发了人们的潜力、潜能，积聚了人们的热情、激情，是实现人生目标、理想、梦想的必要组成部分。

每个人当初都是凡人，凡人变为伟人的桥梁就是坚持力。因为每个人的体质、能力、大脑的潜质都差不多，关键的就是做事情的坚持力，能够把一件事持之以恒地坚持下去，做到最好，就是伟大。旅游时爬到山顶的不一定都是体力健壮的小伙子，还有那些年逾花甲的老人、少不更事的小孩。不是因为什么神奇的原因，而是因为内心的坚持。

坚持是毛毛虫化为蝴蝶的过程，是山间小溪化作大河奔流的过程，是见证神奇的过程。许多人仰望成功者的巅峰，感到高不可攀，难以企及，可是，那还不是成功者一步步走上去的？在人生的旅途上，当面临意外的打击、旅途的艰辛、希望的渺茫时，多少人放弃了，停止了。成功者只是比普通人走得更远些，坚持得更久些，因而达到了光辉的顶点。多少事实，说明世间没有天才，有的只是坚持和勤奋，只要坚持，万事可为，放弃坚持，凡事皆败。荀子说："锲而舍之，朽木不折；锲而不舍，金石可镂。"所谓精诚所至，金石为开，坚持化艰难为容易，化腐朽为神奇。能力再强，如果不去做，万事消磨，终将一事无成，人生最可宝贵的就是坚持力。

自古成大事者，都是具有坚持力的人。中国古代医药学家李时珍为了写《本草纲目》，经历了30年的跋山涉水；王羲之仰慕东汉书法家张芝，在池塘边坚持练习书法，洗濯笔砚，多年后，整个池塘都被染黑了，世人称之为书圣；蒲松龄写作《聊斋志异》，从40岁左右写到70多岁，写了将近500篇短篇小说，达到了中国古典文言小说之巅峰；歌德创作《浮士德》这部不朽的名著，用了50年的时间。正是有了日日月月的坚持，有了持之以恒的毅力，才有了这些令人瞩目的辉煌成就。

人生最大的失败不是别的，而是放弃。南朝的文人江淹，年少时就才华横溢，出口成章，名动京华。后来做官多年，文思枯竭，作品平淡无奇。文人相聚唱和，提起笔来半天也写不出一个字。据传说，是郭璞把他的生花妙笔寄存到江淹那里，后来拿走了，人们谓之江郎才尽。其实，这只是个传说而已，真正的原因应当是江淹少年得志，骄傲自满，疏于坚持，终于使他成为平庸之辈了。能力如何、才华如何、条件如何、环境如何，只是成功的组成部分，成功的法宝才是坚持。自古以来，在科举考试中得中进士的成百上千，可是，还不是尔曹身与名俱灭，不废长江万古流？反而是那些落魄文人留下了名传千古的锦绣文章。

坚持最忌三分钟的热度，热情来了全力以赴，兴致勃勃，一旦失去热情，则弃之不顾，恍若隔世。观看马拉松比赛，那些一开始跑到前边的人，往往不是冠军，反而那些开始时也许不靠前的运动员，坚持到最后，取得了优异的成绩。学生问苏格拉底如何成为伟大的哲学家，苏格拉底没有直接回答，而是对学生们说："今天学一件最简单的事儿。每人把胳膊尽量往前甩，然后再尽量往后甩。"接着，苏格拉底示范了一遍，说："从今天开始，每天做300下。"一个月后，苏格拉底问学生们："那些同学坚持我所说的动作了？"多一半同学举手。又过了几个月，苏格拉底问大家谁坚持下来了，只有不过一半的学生。一年后，苏格拉底再次问学生们谁坚持了这个动作，教室里只有一个人举手，这个人就是柏拉图，他后来成为与苏格拉底齐名的哲学家。把平凡的事情坚持下来就是不平凡，把一件事做到极致就是伟大。生活中多的是那种人，刚开始有热情，半中间咬着牙，到后来完全冷却了，比冰还冷。

坚持就是一心一意，专心致志，这才可能有所突破，崭露头角。挑三拣四，好高骛远，只能使生命在选择中白白耗费，最终一无所成。国际功夫巨星成龙一部片酬超过一亿元。他说："十年前从楼上跳下去两千元是跳，现在从楼上跳下去两千万美元我也是跳，做任何事不专一不行。有的人今天看见搞摄像不错，明天看到搞服装赚钱，到了什么事也做不大。"实际上，人一辈子能把一件事情做好就不简单了。三百六十行，行行出状元。口才好可以成为外交家，力气大可以成为举重冠军，写小说有可能获得诺贝尔文学奖，即使研究垃圾也可以搞出世界级的发明。

坚持需要塑造坚韧的性格和顽强的意志。一次失败，重新再来，两次失败，第三次开始，如果第十次数十次的失败，怎么办呢？是灰心丧气，一蹶不振，还是鼓舞自己，不达目的，誓不罢休？这就是成功和失败的距离，意志和性格的考验。现实世界中，有的人太脆弱了，试了一次失败了，就不愿意再来了。有的人娇气又矫情，一点苦也受不了，一点委屈都不接受，这样的人除过坐享其成外没有什么价值。因为人生是严峻的，现代社会的竞争是残酷的，要有一番成就，要从成百上千的人中脱颖而出，崭露头角，拼出一片事业的天地，就必须有意识地培养自己的意志，锻炼自己的性格。

坚持就是积累、聚集、循序渐进，是一种久久蕴含之后的爆发。《史记·滑稽列传》记载了齐国大夫淳于髡用隐语劝告齐威王的故事。齐国有大鸟停栖在宫廷里，三年不飞又不鸣，但是，"此鸟不飞则已，一飞冲天；不鸣则已，一鸣惊人。"齐威王听后，积蓄实力，持之以恒，奋兵而出，诸侯震惊，声威远播三十六年。水滴石穿，绳锯木断，囊括了从量变到质变的过程。看似沉默，其实在酝酿；看似无声，其实有雷霆之力。一飞冲天和一鸣惊人，正是源自于平常的默然练习，长久准备。世间之事，求多易，求一难。一即是多，多即是无。人一生能够真正做好一件事就算成功了。万物始于一，万丈高楼平地起，万仞高山始于一土一石。儒学大家董仲舒《春秋繁露·天道无二》道："目不能二视，耳不能二听，手不能二事。"坚持地做自己所确定的人生事业，必定有辉煌的成就。

行百里者半九十，为什么这么说呢？因为路途百里，到了最后才是最艰难的的时候，才是考验人们的意志和毅力的时候。也许许多人能走到九十里，但是，到达终点的毕竟是少数。世界上跳高冠军和亚军之间的差距以毫米计，百米赛跑的冠军和亚军的差距也以一秒的几分之一计算，然而，正是这微弱的差距判定了优劣和成败。在最艰难的时刻、在忍受不下去的时刻、在几乎没有希望的时刻，坚持下去，努力下去，就是光明，就是胜利。贝多芬说："涓滴之水终可以磨损大石，不是由于它力量强大，而是由于昼夜不舍的滴坠。"人和人之间比的不是力气，不是体力，不是运气，而是意志，是毅力，是坚持力。可是大多数人不明白这一点，在最接近成功的时候放弃了，令人惋惜。每一个领域登上最高巅峰的人，绝对是意志和毅力坚强的人。

　　白居易说："千里始足下，高山起微尘，吾道亦如此，行之贵日新。"坚持是对自己的精力、智慧、知识等等的聚焦，是对自己能力最有效率的综合发挥。钉子之所以能钉到墙上，是因为把所有的力量都集中到一点；冬天的阳光没什么暖意，但通过放大镜的聚光，却可以点燃木材。人没有能力大小，关键在坚持力如何。要想比别人做得好，就必须比别人花费更多的时间和精力，坚持做自己的事业，除此之外没有别的捷径。

　　人生的成功，其实也简单。把一件事坚持到底、做好、做到极致就可以了。可是，举目世间，能够把一件事坚持做下去的人有几个？能够把一件事做到极致的人更是凤毛麟角。这也就说明了坚持力对于人生的重要性。

自制力

为什么我们的生活这么疲惫，为什么我们的精力不够用，为什么有人成功，有人品尝的却是人生的苦果？

关键就在于自制力如何。

自制力是人们自觉控制意识和行为的能力，这是人生所必须具备的能力。人之所以为人，就是因为人是理性的动物，能够控制自己的行为和意识，实现人生目的。如果个体对于自己的行为不加约束，任性所为，那与动物有什么分别呢？自制力决定一个人成就的高低，决定人生的高度。

做人必须具有自制力。人们的行为必须受社会规范的制约，才能够立足于社会，如果缺乏必要的约束，势必不容于社会，被社会所排挤，举步艰难。社会使人们生存的所在地，每个社会成员必须遵守社会规范，才能够生存得更好。如为人诚实、守信、守法，要顶天立地做人，就必须拒绝诱惑；只有具备坚强的毅力，才能够经受住任何诱惑的考验。

现代社会，随着科技的迅猛发展，人们的物质生活的日益丰富，给人们的行为自制力提出了严峻的挑战。电脑、手机、电视的日新月异，使人们的心灵空间愈来愈狭小，人们迷恋于上网、游戏、聊天，占据了宝贵的时间；现代化的通信条件和交通工具，使人们联系起来更加方便快捷，个体的生存空间愈来愈小；各种声光电配备的现代化的娱乐设施更加完备先进，极大地刺激人们的感官，侵蚀着蠢蠢欲动的心灵。在这喧嚣不已、五光十色的社会里，一个人必须具有自制力，才能在物欲横流的社会里保持自己的本色，从事人生的伟大事业。

自制力是成功的先决条件。社会是按照一定的秩序、法律、规则运行的，要求个体只有理智地控制自己的行为，合乎社会的规范和标准，才能融入社会，成为一个合格的社会成员。人们从事自己的事业，实现自己的理想，必须具备一定的自制力，约束自己的意识和行为。这就要求人们控制自己，管理好自己。想什么，不想什么；学什么，不学什么；做什么，不做什么。

心理学家曾经做过一个有趣的实验。把一群小孩子叫到一起，每人面前放一定数量的糖块，告诉他们在一定的时间里，谁坚持不动糖块，就可以得到更多糖块的奖赏。过了很长时间，打开那个实验室，发现大多数小孩忍不住诱惑，吃了面前的糖块，只有极少数的几个孩子始终没有动糖块。几十年后，心理学家进行跟踪调查，发现当初没有动糖块的那几个孩子成就斐然，而动了糖块的孩子一生平平，没有什么起色。

如果一个人连自己的行为都控制不了，为所欲为，还能干成什么大事？如果确定了人生方向后，陷于声色犬马而不能自拔，每天在欲海中沉浮不已，随波逐流，那么还能忍受了事业的清苦、生活的打击吗？虽然欲望属于人性的特征，但是，人不能听从于欲望，因为，欲望是缺乏理性的，而做人必须恪守各种社会道德和规范，必须按照人生的目标理智地做事。如果人人都随心所欲，不受制约，那么社会就不成其为社会。

要确立正确的人生观，不要贪图优裕的物质生活。人们所追逐的物种享受，其实就是被诱惑所吸引，实质是消耗性的人生，是负力量。对于大多欲望的满足，不仅浪费掉宝贵的时间、精力和财富，而且腐蚀心灵，消磨人们的意志，耽误人们的事业，甚至毁掉美好的生活。生活中的诱惑实在太多了，五花八门，举不胜举。享受有时是陷阱，毁掉自己。鸟贪食而入罗网，鱼贪食而上鱼钩。君不见，有的人在赌场上夜以继日，破了钱财，沦为乞丐；有的人在酒场上大吃二喝，喝坏了胃，毁了身体，浑身都是毛病；有的人在官场上经受不住金钱和美色的诱惑，滑入犯罪的深渊，毁了一生。

自制力是成功者的个性素质。那些具有远大志向的人，在事业上取得巨大成功的人，都是自制力特别强的人。

这个时代是诱惑不断诞生的时代，每个行业都在塑造着相应的诱惑。一些人心猿意马，三心二意，这山望见那山高，那么，就会在各种诱惑中徘徊往返，心神不定，成为诱惑的俘虏。处处有诱惑，时时有诱惑，两眼只盯住诱惑，随诱惑而动，为诱惑所利用，那将是很危险的。耐得住寂寞，将诱惑拒于千里之外，才能安心在做事。脚踏两只船不可能比别人走得更远。许多人也有事业、也有目标、也知道大道理，可是，就是没有自制力，在不知不觉中韶华流逝，岁月老去，白发苍苍，到头来一事无成。

内心要有一个尺度，用以制约自己的言行。具体地说，也就是个人处于何种生活环境，具有何种客观条件，具备何种主观条件，需要朝什么方向努力。不管是什么人，都在一定的社会条件下生活，不可能超越客观和主观条件而存在。既然这样，必然会受到相应的制约。这就需要控制自己，做什么和不做什么，适应什么和反抗什么，都得按照要求来做。一个人只要管理好自己，才有可能做成事。进而影响别人，在社会上立足。自己要求的自己尚且做不到，又怎么会被社会认可呢？

训练自制力，抵抗诱惑。有个朋友喜欢打牌，打着打着就上了瘾。虽然有许多事要做，每天都有每天的计划，结果全被打乱了。打牌时的乐趣，朋友的吆喝，令他沉溺其中，打牌赢了，兴奋不已；打牌输了，垂头丧气，暗暗发誓再不打了，但是别人一叫就不由自主去了。想着荒废的事业，认识到打牌耗精费神，输钱输人，甚至发誓以后再不打牌了，还是不顶用。过上一两个星期，手就痒痒，别人不叫就盼着，别人一叫就魂不守舍一溜烟去了，事业上自然一无所成。业精于勤而荒于嬉，行成于思而毁于随。社会对人的价值的实现提供了条件，也为人的享受提供了保证。如果沉溺于吃喝玩乐，事业必然荒废了。面对诱惑，我们必须有足够的自制力抵制，筑起坚固的防线，一旦被诱惑俘虏，有第一次，就会有第二次、第三次，依次推延，终将坏掉大事。

训练自制力，具有坚定意志。一定要克制自己，战胜无益于身心和事业的诱惑。首先，要从思想上端正认识，确立正确的思想，输入正确的意识，与思想和意识不合即不要去做。再次，要有坚定的意志，克服自己的欲望，拒绝诱惑。没有意志做任何事都不行。任何事不该做就坚决不要做，用八抬大轿请你也不要去。

训练自制力，抵抗不良情绪。要学会控制情绪，情绪是不自觉的，缺乏稳定性。如雪落地，如水洇纸，悄无声息地来，进入大脑，弥漫全身。好的情绪使人身心快乐，精神百倍，恶劣的情绪损坏健康，使人精神颓废。每一天早晨即是一个新的开始，告诫自己，这一天是多么美好，人生是多么幸福，全身心地投入生活，即使有烦恼，一切终将过去。

人总是自觉不自觉地受到情绪的影响。比如在工作上的不舒心，不是就工作而想工作，而是进行无边无际的联想。由工作想到人际关系，想到生存问题，想到别人的冷嘲热讽。在没有根据和逻辑的联想中，捕风捉影，身心疲惫。这是心灵与影子的战争，虚构了无数个可能性，也许一个都不会转变为必然性。把暂时当作长期，把虚构当作现实，一件事也许会变成十件事百件事，一个烦恼会变成无数个烦恼，在烦恼中挣扎、困惑、痛苦，这都是在恶劣情绪影响下虚构的精神伤害。时间久了，会变为心理障碍，产生抑郁症。

训练自制力，做事不要拖延。万事毁于拖延。人们总是在自觉不自觉地拖延。为什么我们平凡，为什么我们受穷，为什么我们被生活驱使也被别人驱使，就是因为我们不在规定时间内做规定的事。

应该做的事，今天就做，不要放到明天，拖延是成功的大忌。然而，有时就是管不住自己，不能干脆地做应该做的事，而是一直拖延，把事情放在不可知的明天。时不待人，人不待人。时间一如既往朝前流淌，不管你做事不做事。人们各自忙各自的，不会等待你做完事之后一起再干别的。不原谅你就不原谅你，不欣赏你是因为你不努力。失时失人，就会失去一切。许多人的一生不是不能改变命运，不是不存在机会，而是由于缺乏自制力，自己打败了自己。人生的悲剧不是坎坷的命运，不是平庸的生活，实际上源自于不能把握自己，控制自己。

训练自制力，要做到忍耐。有人说忍字头上一把刀，好像忍耐是多么难的事情。其实，忍不过是一个念头，忍住了这个念头，也就胜利了。比如，你心里有个念头生气，你去掉这个念头就不气了。忍耐是容易做到的，关键在一念之间。对于某些事，如果我们不忍的话，才会变作一把给我们带来厄运的刀。布袋和尚说："有人骂老拙，老拙自说好；有人打老拙，老拙自睡倒；有人唾老拙，任他自干了；他也省力气，我也少烦恼。"忍是人世间的美德，是人生的正力量，一个忍字，给我们带来了多少方便，省去了多少不必要的麻烦，一生学会忍耐，我们可以干多少大事。

自制力需要我们具有伟大的忍耐力。所谓难行而行，难忍而忍。忍，不是软弱，不是无用，是智慧。忍是世界上最伟大的力量，水滴石穿，风吹石碎。我们忍人之不能忍，为人之不能为，具有了这样的坚强、坚毅、坚韧、坚定的性格和品行，事业就走上了坦途，必然有所作为。忍，有生忍、法忍、无生法忍。我们要透过生命的力量，发挥"生忍"；我们要用佛法的慈悲喜舍、般若智慧，实践"法忍"；我们要能如如不动、不生不灭，完成"无生法忍"。

一往无前

宇宙间有一种神秘的力量，叫做正力量。

宇宙间有一种伟大的运动，叫做时间。时间昼夜不舍，无休无止，一刻不停，一往无前，永远地向前运动。

宇宙间的生物都是由小到大，由弱到强，向上生长。破土的嫩苗，山间的树木，石缝中的小草，冰雪中的动物，生命力是如此坚强，百折不挠，威武不屈。

远在中国周朝就有一本智慧的巨著叫做《易经》，里边有一句话："天行健，君子自强不息；地势坤，君子以厚德载物。"意思是具有远大理想的人，要效法自然，吸收天地间的正力量，像上天一样生命强健，运行不止；像大地那样宽厚无比，具有高尚的美德，承载万物，承担人生的重任。

宇宙世界，日月星辰，天地万物，高山大河，都在昭示一种伟大的力量，启发渺小的人类，滋养脆弱的人类，强大孱弱的人类。

有一个成语是悲天悯人，其实天有何悲，真正悲悯的是人类。因为人是天地的精华，万物的灵长，可是，世俗、社会、自身，给自己戴上了太多的镣铐，沾染了太多的尘垢，养成了太多的劣根性。

我曾经总结了关于人生的八句诀：日月星辰，运转不已，宇宙能量，强大自己，积极向上，奋发有为，百折不挠，一往无前。

每个人都可以伟大，因为每个人都是世间独一无二的，都是人类数百万年进化的一环，承担着历史赋予的神圣使命。

每个人浑身都充满着正力量，具有极强的生命力和适应性。因为在优胜劣汰，适者生存的自然环境中，只有人成了高级动物。人是神秘的，每个人身上都有一种系统，接纳天地宇宙之正力量，充实自己的生命。

人生的价值表现为对于事业、理想、梦想的追求；表现为完善自我，完善心灵，完善灵魂；表现为坚定不移，执着进取，百折不挠，奋斗不止。

要实现人生的目标，就会碰到困难。面对困难，我们应当高兴，因为困难是前进的阶梯，困难锻炼了我们的意志，提升了我们的灵魂。对于人生来说，没有困难反而是奇怪的。要奋斗就会遇到困难，这是天经地义的。奋斗者似大海，狂风来临时只会变得更加汹涌澎湃，呼啸不已。如果每件事唾手可得，不费吹灰之力，又何谈"奋斗"二字！那些奋斗者，就是要从没有路的地方开辟出道路，做常人不敢为或莫能为的事情。奋斗过程中，将会遇到巨大的阻力和意想不到的困难，不付出辛勤的汗水，不做出超越常人的努力，是不会收到丰硕的果实的。

困难是通向成功的第一条通道。人们崇拜成功者，羡慕万人瞩目的荣耀，但是，又有谁透过成功者的身后，看到那满是荆棘和泥泞的羊肠小道，看到强者无数次与风雨搏斗的累累伤痕，没有比困难更能接近成功的。有些人遇事怕困难，或畏缩不前，长吁短叹，或处处躲避，绕着困难走，结果只能望洋兴叹，隔岸观火，被成功拒之于千里之外。不经过冬天的朔风肆虐，冰天雪地，万木萧瑟，寒冷刺骨的考验，就不会迎来万紫千红，百花争艳，莺歌燕舞，欣欣向荣的春天。没有困难的成功是不存在的。要想得到成功，就必须预先接受成功所赠予的最好的礼物——困难。

实现人生的目标，就会碰到挫折。挫折是指在实现目标时所遭受的打击，阻碍着前进的道路。挫折证明了我们的奋斗，证明了我们的拼搏，只是暂时的失利，并没有什么了不起的。理智地看待挫折，其实是和人生的目标联系在一起的，目标越高，也许遭受的阻力越大，受到的挫折越大。挫折是向目标挺进的重要标志，只要战胜了挫折，就向目标迈进了一步。

挫折锻炼了我们的意志，增长了生存的能力。挫折就像熔炉，智慧和才能都会在其中得到锻炼而出炉，经过千锤百炼之后才会成长为一个合格的人。挫折是人生最好的学校。那些只知钻在书堆里纸上谈兵、口若悬河的人，如果不经过挫折的磨炼，终究是无用之才。春天播种到秋天收获，田野上的庄稼经过风风雨雨，干旱暴晒之后才变得满眼金黄、丰收在望。评价一个人时，以成熟与否为标志，只有经历过挫折才能走向成熟。

实现人生的目标，必然会碰到失败。失败不可怕，重要的是要有面对失败的勇气，面对失败才能战胜失败。失败是成功之母，不经历失败，哪能成功？成功与失败都是一种表现方式，是一种对结果的评价，可以从中得到经验。刘易斯说："如果没有人向我们提供失败的教训，我们将一事无成。我们思考的轨道是在正确和错误之间二者择一，而且错误的选择和正确的选择的频率相等。"人生就是在认识失败、总结失败中走向成功的。

　　失败是英雄的用武之地，是强者施展抱负的大舞台。失败只能吓退那些怯懦者，而对于真正的强者来说，却是"不管风吹浪打，胜似闲庭信步"，"会当凌绝顶，一览众山小"。歌德说："命运之神的无情连枷打在一捆捆丰收的庄稼上，只把秆子打烂了，但是谷粒什么也没感觉到，它仍在场上欢蹦乱跳。"古人道："玉不遇砥砺，不可以成器；人不遇困穷挫辱，不可以成德。"在面对失败时，人们认识到自己的差距；在与失败的搏斗中，人们锻炼了自己的毅力；在同失败的抗衡中，人们更加强大。

　　真正的强者，面对失败从不灰心，他们屡战屡败，屡败屡战，越挫越勇，永不言败。能做到这样的人，内心是多么强大啊，人生的正力量是多么浩瀚啊。梅花欢喜满天雪，雄鹰尤爱青云端。敢于面对失败的人，离成功最近。

　　自古奋斗造英杰，从来安乐误一生。纵观历史上那些奋斗者，不管遭遇多少失败，都百折不挠，矢志不渝，一往无前。就像唐僧到西天取经一样，莫不是经过数不清的艰难险阻，说不尽的生活辛酸，而后才实现其目标的。南宋末年的文天祥，二十岁中进士，一生屡遭贬官而不改气节。元军大举进攻，国家存亡之际，挺身而出，组织军队屡次与元军作战，危险重重，出生入死，历经失败，至死不屈。其诗《过零丁洋》道："零丁洋里叹零丁，惶恐滩里说惶恐。人生自古谁无死，留取丹心照汗青。"那种面对一次次失败始终不改其志的精神，光耀千古，至今让人追思不已，钦佩之情油然而生。

拥有正力量，拥有好心态。把一切烦恼、沮丧、痛苦、懊悔扔到太平洋去吧，把一切不安、嘲弄、挖苦、打击扔到北冰洋去吧。一切的困难将是动力，一切的挫折将是大幸，一切的失败将是成功！电闪雷鸣、狂风暴雨之后，宇宙出现的将是最美丽的彩虹。

用正力量武装起来的人，与普通人一样，也遇到困难、挫折、失败，但是，在遭受困难、挫折、失败之后，能够站起来，站直了，一如既往，义无反顾，继续前行。有多少困难，就有多少方法；有多少次挫折，就有多少次奋起；有多少失败，就有多少次崛起。困难吓不倒，挫折击不垮，失败打不到！

用正力量武装起来的人，与普通人本来没有什么区别，经历了困难、挫折、失败，战胜了困难、挫折、失败，真正地站起来，就成了伟人。

吸收宇宙间的正力量，吸收大自然的精华，吸收人类思想智慧的成果，发挥聪明的才智，激发人生的潜能，抵达成功的巅峰。

我们充满着正力量，我们的心态阳光，性格阳光，人生阳光。我们的人生、事业、理想，将迎来最美好的绽放。

我们充满着正力量，拥有强健的体魄、伟大的精神、丰富的知识，我们明白人生就是一个漫长的征途，人生的价值就是奋斗和奉献，我们一来到世上就启程了，带着理想、梦想、愿望，向着人生的目标奋进。

我们既然选择了，就决不放弃，认定目标，积蓄正力量，百折不挠，一往无前。

2013年3月至2013年6月28日完稿。

后记

下午一点半，终于写完了《正力量》。

感觉一阵轻松，醍醐灌顶，甘泉濡体，解脱束缚，飘飘欲飞。

加上2003年出版的《撬开你的心锁》、2012年的《心想事成》，这本书构成了我关于成功学的三部曲。

2012年1月写完《心想事成》后，我就计划写《正力量》。由于给单位编辑一套丛书，耽误了时间。之后，迟迟没有动笔。迟到今年三月份，才开始了写作。由于书中涉及心理学、成功学、社会学、历史学等多门学科，写作过程是艰难的，甚至是痛苦的。但是，我的性格，又使我要尽快，而且必须写完这本书。也许起初是完成约稿，后来竟成为欲罢不能的事情。这本书是我生命中注定要完成的，不写完就不放过自己。如负重轭，心事重重，焦灼不安，不由自主。对于书之外的事情，无心去做。只有彻底地完成这本书，心里才能轻松下来，好干其他的事情。

三月初，安排计划，七月前必须写完。除过中间的开会和去外地出差之外，基本上按照计划实施。在此期间，尽量减少其他兴趣和活动。至于电视当然是不会看的，多少年前家里就没有了电视机。一门心思都放在完成这本书上。有时想，这是何苦，没有人逼着，也没有人催着，何必较真？但是，人生一旦计划做一件事的时候，况且，这种事情深入到你的心里，嬗变为心事，成了一个心愿后，就不由你了。听从内心的那个神秘的声音指挥、调遣、命令，直到把它做好才罢休。

使我稍感安慰的是，这本书写出了我有关人生的见解，有些应当是独到的见解，这是我艰难而真诚的作品。这本书里所阐述的观点，对人生的鸟瞰和认识，对于能够耐着性子读完该书的人来说，会有一些启迪的。哪怕是只言片语，我也满足了。

我问自己，不为名，不为利，那么图的什么？答曰，不为这些，就是要完成这件事。我明白，报酬也罢，名声也罢，在这个喧嚣的时代，一本书显得多么卑微，多么渺小。

这使我明白，千万不要把一件事情变作心事。这样的日子，虽然也有欢乐，但总体是沉重的，痛苦的，不自由的。对于我这样的人，从乡村里走出来的人，总是有这样的那样的野心，想干一番事业，潜意识中有天下者，舍我其谁的想法。一旦开始了，就不会轻易结束。以后要警惕避免把一件事情变作非做不可。人生应当潇洒地活着，闲云野鹤，自由自在，无拘无束。

年届天命，该明白许多事了。不要太苛求自己了。好在这本书结束了，我可以放过自己了。

以后，我不再难为自己。

作诗曰：

天地运行，
周而复始，
花开蝶舞，
风吹心动。

写完此书，感怀不已。人生人世，光阴流逝，何其速也，何其感慨也。

作　者
2013/6/28 下午三时三十二分

图书在版编目（CIP）数据

正力量／宁志荣著．—太原：山西经济出版社，2013.11
ISBN 978－7－80767－726－0

Ⅰ.①正… Ⅱ.①宁… Ⅲ.①成功心理－通俗读物 Ⅳ.①B948.4－49

中国版本图书馆 CIP 数据核字（2013）第 260637 号

正力量

著　　者：	宁志荣
责任编辑：	李慧平
助理责编：	申卓敏
装帧设计：	赵　娜
出 版 者：	山西出版传媒集团·山西经济出版社
地　　址：	太原市建设南路 21 号
邮　　编：	030012
电　　话：	0351－4922133（发行中心）
	0351－4922085（综合办）
E－mail：	sxjjfx@163.com
	jingjishb@sxskcb.com
网　　址：	www.sxjjcb.com
经 销 者：	山西出版传媒集团·山西经济出版社
承 印 者：	山西出版传媒集团·山西新华印业有限公司
开　　本：	787mm×1092mm　1/16
印　　张：	15
字　　数：	152 千字
印　　数：	1－3 000 册
版　　次：	2013 年 11 月　第 1 版
印　　次：	2013 年 11 月　第 1 次印刷
书　　号：	ISBN 978－7－80767－726－0
定　　价：	28.00 元